图解

照明设计
与应用

▶▶▶▶

阳鸿钧
等 编著

化学工业出版社
·北京·

内 容 简 介

现代照明光照，不再是简单的开亮关灭的两端效果，而是要求营造氛围，制造更多舒适场景。本书对于当下照明设计与应用新要求进行了介绍，便于读者学习、设计、借鉴和应用。全书共 8 章，分别讲述了照明基础知识、灯具基础与常识、光环境照明概述、室内环境照明基础与常识、家居照明设计与应用、商业办公与特定环境照明设计与应用、照明设计应用计算、照明设计应用数据等内容。本书在编写过程中，考虑到图书内容的实践操作性很强的特点，在讲述的过程中，对关键知识点直接在图上用颜色区分表达，内容实用清晰。同时，对重点难点内容配上视频讲解，具有很强的直观指导价值。

本书可作为装饰装修设计师、照明技术员、灯光设计师、水电技术工、照明施工人员、业主，以及大中专院校相关专业师生、技能培训速成班师生、自由职业者、自学人员的参考用书，还可供相关公司单位职业培训等参考使用。

图书在版编目（CIP）数据

图解照明设计与应用 / 阳鸿钧等编著 .—北京：化学工业出版社，2023.4

ISBN 978-7-122-42855-4

Ⅰ．①图⋯　Ⅱ．①阳⋯　Ⅲ．①建筑照明 - 照明设计 - 图解　Ⅳ．① TU113.6-64

中国国家版本馆 CIP 数据核字（2023）第 051731 号

责任编辑：彭明兰		文字编辑：冯国庆
责任校对：王鹏飞		装帧设计：史利平

出版发行：化学工业出版社（北京市东城区青年湖南街 13 号　邮政编码 100011）
印　　刷：北京云浩印刷有限责任公司
装　　订：三河市振勇印装有限公司
787mm×1092mm　1/16　印张 13¼　字数 323 千字　2023 年 9 月北京第 1 版第 1 次印刷

购书咨询：010-64518888　　　　　　　售后服务：010-64518899
网　　址：http://www.cip.com.cn
凡购买本书，如有缺损质量问题，本社销售中心负责调换。

定　　价：79.80 元

前言

　　照明灯光，被认为是家居空间的灵魂。照明光照，不仅是视觉功能的需要，更是点亮生活、美化环境的重要手段。简单地讲，现代照明不再是简单的打开开关灯亮，关闭开关灯灭的"原始方式"。

　　对室内环境设计而言，灯具与照明不仅要供给光线，还要美观实用，且能营造氛围。近年来，室内环境设计力求营造氛围感、不同感官体验、不同视觉艺术效果。为此，照明设计与应用相关知识和要求也在不断推陈出新。为了便于读者学习掌握照明设计与应用相关知识和技能，特策划了本书，以飨读者。

　　本书共8章，分别讲述了照明基础知识、灯具基础与常识、光环境照明概述、室内环境照明基础与常识、家居照明设计与应用、商业办公与特定环境照明设计与应用、照明设计应用计算、照明设计应用数据等内容。本书的特点如下：

　　（1）图解剖析形式，学习更直观更轻松；

　　（2）言简意赅风格，要点更精确更精炼；

　　（3）学以致用特色，实战更贴切更实效；

　　（4）全面全能要求，使用更细微更灵活；

　　（5）配有相关视频，场景演示更清晰直观。

　　本书由阳育杰、阳鸿钧、阳许倩、欧小宝、许四一、阳红珍、许满菊、许小菊、阳梅开、阳苟妹等人员参加编写或支持编写，并且还得到了一些同行、朋友、有关单位的帮助，并且参考了有关资料。在此，向他们表示衷心的感谢！

　　由于时间有限，书中难免存在不足之处，敬请读者批评、指正。

目录

入门篇

第1章 照明基础知识 ······ 2

灯具基础与常识

光环境照明概述

第4章
室内环境照明基础与常识

89

实战篇

第5章

家居照明设计与应用

107

第6章
商业办公与特定环境照明设计与应用
156

第7章

照明设计应用计算

167

第8章

照明设计应用数据

176

附录
书中相关视频汇总

参考文献

入门篇

第 1 章 ▶▶
照明基础知识

1.1 光的本质——电磁波

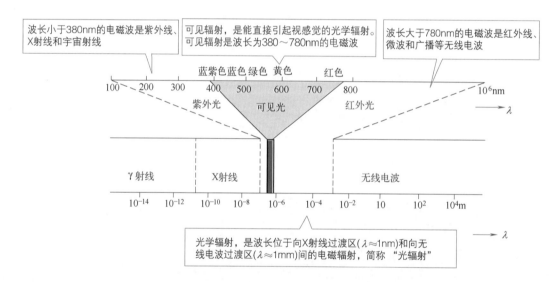

| 波长小于380nm的电磁波是紫外线、X射线和宇宙射线 | 可见辐射，是能直接引起视感觉的光学辐射。可见辐射是波长为380~780nm的电磁波 | 波长大于780nm的电磁波是红外线、微波和广播等无线电波 |

光学辐射，是波长位于向X射线过渡区($\lambda \approx 1$nm)和向无线电波过渡区($\lambda \approx 1$mm)间的电磁辐射，简称"光辐射"

点/亮/知/识

光的本质是能被人们的眼所感觉到的电磁波。光是整个电磁波谱中极小范围的一部分。被感知的光，是人的视觉系统特有的所有知觉或感觉的普遍和基本的属性。光刺激，是进入人眼睛并引起光感觉的可见辐射。照明设计与应用，就是对照明光的设计与应用。

1.2　光的波长与颜色——对应关系

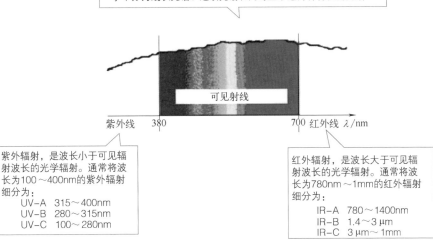

光谱，是组成辐射的单色成分按波长或频率有序排列。在光谱学中分为线状光谱、连续光谱和同时显示这两种特征的光谱

可见射线

紫外线　380　　　　　　700　红外线　λ/nm

紫外辐射，是波长小于可见辐射波长的光学辐射。通常将波长为100～400nm的紫外辐射细分为：
UV-A　315～400nm
UV-B　280～315nm
UV-C　100～280nm

红外辐射，是波长大于可见辐射波长的光学辐射。通常将波长为780nm～1mm的红外辐射细分为：
IR-A　780～1400nm
IR-B　1.4～3μm
IR-C　3μm～1mm

 点/亮/知/识

　　人眼对不同波长的光波感觉到的颜色不同。光谱中表现为线状的成分，它相当于在两个能级之间跃迁时发射或吸收的单色辐射。人眼最敏感的光波波长为555nm。照明设计与应用，不仅考虑光的点亮，而且需要考虑光的颜色。

1.3　基本单色光——红橙黄绿蓝青紫

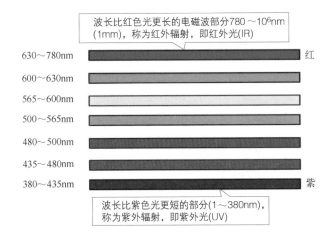

波长比红色光更长的电磁波部分780～10^6nm(1mm)，称为红外辐射，即红外光(IR)

630～780nm　　　　红
600～630nm
565～600nm
500～565nm
480～500nm
435～480nm
380～435nm　　　　紫

波长比紫色光更短的部分(1～380nm)，称为紫外辐射，即紫外光(UV)

可见光的光谱颜色范围

颜色视觉	中心波长 /nm	波长范围 /nm
红色	700	630 ～ 780
橙色	620	600 ～ 630
黄色	580	565 ～ 600
绿色	530	500 ～ 565
青色	490	480 ～ 500
蓝色	460	435 ～ 480
紫色	400	380 ～ 435

 点/亮/知/识

  可见光部分又可分解成红、橙、黄、绿、青、蓝、紫等基本单色光。由单一波长组成的光称为单色光，不同的单色光有不同的颜色。波长小于 200nm 的这部分光在空气中很快被吸收，只能在真空中传播，因此这部分光又称为真空紫外。各种颜色的光的波长不是截然分开的，而是一种颜色逐渐减弱，另一种颜色逐渐增强。暖色光的光源为高色温，低色温高照度表现出阴晦的气氛。

1.4 CIE 系统色度——标准色度学系统

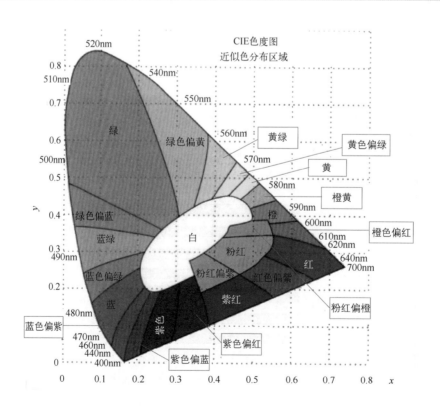

点/亮/知/识

CIE 系统，也称为"CIE 标准色度学系统"。CIE 为国际照明委员会的简称。CIE 标准色度学系统，是国际照明委员会所规定的一套颜色测量原理、数据、计算方法。CIE 1931 标准色度观察者光谱三刺激值，适用于 1°～4°视场的颜色测量。CIE 1964 补充标准观察者光谱三刺激值，适用于大于 4°视场的颜色测量。

1.5　视觉——感受器的作用

视觉，是由进入人眼的辐射所产生的光感觉而获得的对外界的认识

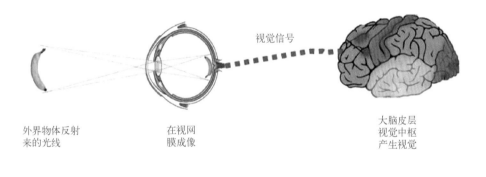

视觉信号

外界物体反射来的光线

在视网膜成像

大脑皮层视觉中枢产生视觉

光(电磁波辐射)射入人的眼睛，落到视网膜上，产生光化学反应，刺激视神经而形成视觉

 点/亮/知/识

明视觉，是正常人眼适应高于几个坎德拉每平方米以上的光亮度水平时的视觉。这时，视网膜上的锥状细胞是起主要作用的感受器。

暗视觉，是正常人眼适应低于百分之几坎德拉每平方米以下的光亮度水平时的视觉。这时，视网膜上柱状细胞是起主要作用的感受器。

中间视觉，是介于明视觉和暗视觉之间的视觉。这时，视网膜上的锥状细胞和柱状细胞同时起作用。

1.6 视觉灵敏度——各色光不同

扫码看视频

视觉灵敏度

视觉灵敏度，就是人的眼睛对不同颜色光的视觉灵敏度不同

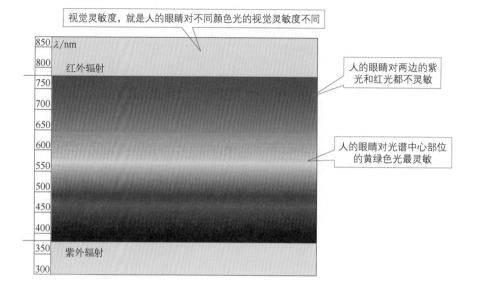

人的眼睛对两边的紫光和红光都不灵敏

人的眼睛对光谱中心部位的黄绿色光最灵敏

点/亮/知/识

视觉灵敏度，也称为称视觉功能中的对比灵敏度。人眼看不见紫外线和红外线。紫外线会伤害人的眼睛，红外线只能刺激人的皮肤产生热的感觉。

1.7 人眼灵敏度和绿植光合作用——绿色最敏感

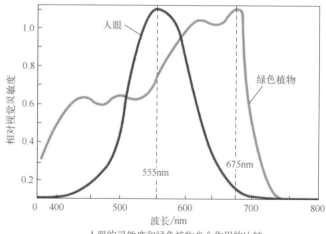

人眼的灵敏度和绿色植物光合作用的比较

点 / 亮 / 知 / 识

　　人眼感光区中分布的感知绿色的视锥细胞数量是最多的，所以人眼对绿色是最敏感的。人眼感知蓝色的视锥细胞分布的数量最少，所以人眼对蓝光极其不敏感。许多电子屏幕产生的蓝光对眼睛造成伤害，因为人眼对它不敏感、无法察觉到。为此，照明设计与应用中，要谨防蓝光的伤眼。

1.8　色彩要素的空间应用——人的感受

色彩要素的空间应用

色彩要素	人的感受	色彩要素	人的感受
明度高的色	向前	明度低的色	后退
暖色	向前	冷色	后退
高纯度色	向前	低纯度色	后退
色彩整齐	向前	色彩不整齐	边缘虚时有后退的感觉
色彩面积大	向前	色彩面积小	后退
规则形	向前	不规则形	后退

 点 / 亮 / 知 / 识

　　蓝色或绿色是人类最佳心理"镇静剂"。粉红色表面给人温柔舒适感，但是长期生活在粉红色环境里会导致脉搏加快、视力下降、听力减退。一般情况下浅蓝色、浅黄色、橙色宜于使人保持情绪稳定、精神集中。白色、黑色、棕色对提高学习是不利的色彩。进行照明设计与应用时，需要针对色彩要素空间中人的感受确定相关环境空间照明色彩。

1.9　室内空间色彩应用——空间适宜的色彩

室内空间色彩应用

空间元素	色彩的应用
室内色彩	以明度高的无彩色或低彩度的颜色为主色
天花板、墙面的颜色	常用白色、淡蓝色、乳白色等
地面的颜色	地面的颜色纯度应较低，明度应低于墙面颜色
家具的颜色	适合用中等明度、纯度不太高的颜色
布艺类的窗帘、沙发垫子、床品	可以适当选用一些明度较高或中等、纯度较高的颜色，增添活力，打破沉默，慎用明度较低且纯度过高的颜色

点 / 亮 / 知 / 识

医学专家发现，病人房间的淡蓝色可使高烧病人情绪稳定，赭色能够帮助低血压病人升高血压，紫色能够使孕妇镇静。终日与黑色煤炭相伴的工人，最易导致视线模糊而产生朦胧心理，如果房间里涂上明亮的色彩，心理状态可以获得改善。

1.10 光强弱对人的影响——**避害趋利**

光弱：导致压抑，眼睛对物体的辨别力下降，看东西很累，容易疲劳，影响思维。
光强：导致烦躁，眼睛看不清物体，时间长久会导致失明、失眠、头晕、恶心。
光适宜：使人愉悦，眼睛对物体的辨别力强，生理顺畅，工作精力旺盛，思维敏捷。
黑暗：导致恐惧，长久会引起生理和精神失常，甚至死亡。

点 / 亮 / 知 / 识

一般环境空间照明设计与应用时，需要采用适合的光，避免光强或者光弱等现象。

1.11 采光系数——**自然采光的指标**

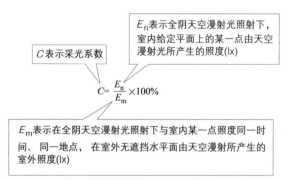

C 表示采光系数

E_n 表示全阴天空漫射光照射下，室内给定平面上的某一点由天空漫射光所产生的照度(lx)

$$C = \frac{E_n}{E_m} \times 100\%$$

E_m 表示在全阴天空漫射光照射下与室内某一点照度同一时间、同一地点，在室外无遮挡水平面由天空漫射所产生的室外照度(lx)

点 / 亮 / 知 / 识

照度的相对值称为采光系数。引入采光系数这一概念，主要考虑室外的照度随着时间的变化而改变，使室内的照度也随之变化。

1.12　采光系数标准值——顶部侧面不同

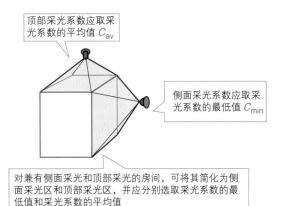

顶部采光系数应取采光系数的平均值 C_{av}

侧面采光系数应取采光系数的最低值 C_{min}

对兼有侧面采光和顶部采光的房间，可将其简化为侧面采光区和顶部采光区，并应分别选取采光系数的最低值和采光系数的平均值

 点 / 亮 / 知 / 识

为了提高采光质量，可以采取以下措施。

① 为了降低窗亮度，减少天空视域，可以采用室内外遮挡设施；

② 窗结构表面或窗周围的内墙面，宜采用浅色饰品；

③ 对于不需要别的颜色的场所，宜采用不改变天然光光色的采光材料；

④ 对具有镜面反射的观看目标，应防止产生反射暗光与映像；

⑤ 作业区应减少或避免直射阳光；

⑥ 工作人员视觉背景不宜为窗口；

⑦ 应注意方向性，避免对工作产生遮挡、不利的阴影；

⑧ 当白天天然光线不足而需要补充人工照明的场所，补充的人工照明光源宜选择接近天然光色的高色温光源。

1.13　各类建筑采光系数标准值

各类建筑采光系数标准值

建筑	采光等级	房间	侧面采光——采光系数最低值 C_{min}/%	侧面采光——室内天然光临界照度/lx	顶部采光——采光系数平均值 C_{av}/%	顶部采光——室内天然光临界照度 / lx
办公建筑	II	设计室，绘图室	3	150	—	—
	III	办公室，视频工作室，会议室	2	100	—	—
	IV	复印室，档案室	1	50	—	—
	V	走道，楼梯间，卫生间	0.5	25	—	—

续表

建筑	采光等级	房间	侧面采光——采光系数最低值 C_{min}/%	侧面采光——室内天然光临界照度/lx	顶部采光——采光系数平均值 C_{av}/%	顶部采光——室内天然光临界照度/lx
博物馆、美术馆	III	文物修复复制室，门厅工作室，技术工作室	2	100	3	150
	IV	展厅	1	50	1.5	75
	V	楼梯间、库房走道、卫生间	0.5	25	0.7	35
工业建筑	I	特别精密机电产品加工装配，刺绣，绘画，检验工艺品雕刻	5	250	7	350
	II	很精密机电产品加工、装配室，计量室主控制室，印刷品的排版室，印刷药品制剂室，检验通信网络室，视听设备的装配与调试室，纺织品精纺、织造、印染室，服装裁剪、缝纫室，检验精密理化实验室	3	150	4.5	225
	III	机电产品加工、装配室，检修一般控制室，木工室，电镀室，油漆室，铸工理化实验室，造纸，石化产品后处理，冶金产品，冷轧、热轧、拉丝、粗炼	2	100	3	150
	IV	焊接，钣金，冲压剪切，锻工，热处理食品，烟酒加工，包装日用化工产品，炼铁、炼钢、金属冶炼，水泥加工与包装，配电所，变电所	1	50	1.5	75
	V	发电厂主厂房，压缩机房，风机房，锅炉房，泵房，电石房，乙炔房，氧气瓶房，汽车房，大中件贮存室，煤的加工、运输，选煤配料间、原料间	0.5	25	0.7	35
居住建筑	IV	起居室，卧室，书房，厨房	1	50	—	—
	V	卫生间，过厅，楼梯间，餐厅	0.5	25	—	—
旅馆建筑	III	会议厅	2	100	—	—
	IV	大堂，客房，餐厅，多功能厅	1	50	1.5	75
	V	走道，楼梯间，卫生间	0.5	25	—	—
图书馆建筑	III	阅览室，开架书库	2	100	—	—
	IV	目录室	1	50	1.5	75
	V	书库，走道，楼梯间，卫生间	0.5	25	—	—
学校建筑	III	教室，阶梯教室，实验室，报告厅	2	100	—	—
	V	走道，楼梯间，卫生间	0.5	25	—	—
医院建筑	III	诊室，药房，治疗室，化验室	2	100	—	—
	IV	候诊室，挂号处，综合大厅病房，医生办公室（护士室）	1	50	1.5	75
	V	走道，楼梯间，卫生间	0.5	25	—	—

点/亮/知/识

　　采光系数标准值，就是室内与室外天然光临界照度时的采光系数值。采光系数最低值，就是侧面采光时，房间典型剖面与假定工作面交线上采光系数最低点的数值。采光系数平均值，就是顶部采光时，房间典型剖面与假定工作面交线上采光系数的平均值。室外天然光临界照度，就是全部利用天然光进行采光时的室外最低照度。室内天然光临界照度，就是对应室外天然光临界照度时的室内天然光照度。

1.14 采光口——有讲究

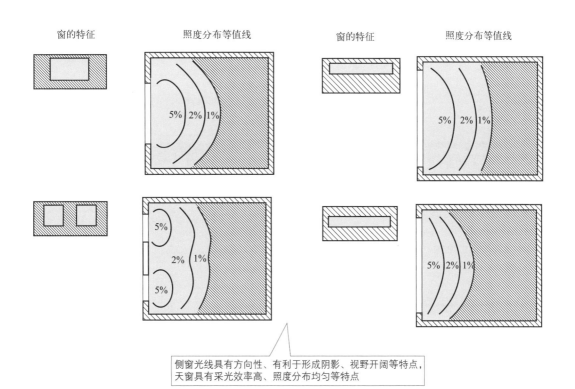

　　侧窗光线具有方向性、有利于形成阴影、视野开阔等特点，天窗具有采光效率高、照度分布均匀等特点

 点/亮/知/识

　　细长房间的侧窗最好采用竖长方形侧窗，浅宽房间最好采用横长方形侧窗。常见的采光口有侧窗、天窗。在房间的墙上开各种形式的洞口，在洞口上安装窗扇，窗扇上安装透明材料（玻璃等），将这些装有窗的透明洞口称为"采光口"。

1.15 照度——光照的程度

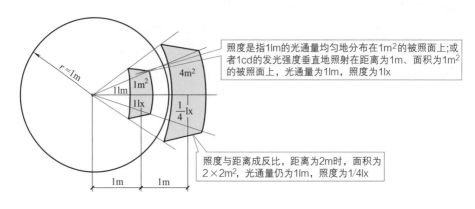

照度是指1lm的光通量均匀地分布在1m²的被照面上；或者1cd的发光强度垂直地照射在距离为1m、面积为1m²的被照面上，光通量为1lm，照度为1lx

照度与距离成反比，距离为2m时，面积为2×2m²，光通量仍为1lm，照度为1/4lx

照度E= 总光通量Φ/ 接收的面积S

照度单位：lx(勒克斯)，$1lx = 1lm/m^2$

$$照度E= \frac{光强(cd)}{(光源到被照平面的距离H)^2}$$

 点 / 亮 / 知 / 识

　　照度是用于表示某一个表面被照明程度的一个单位量，是指每单位面积上所接收到的总光通量。照度一般指光照强度。照明设计中要符合暖色光低照度，冷色光高照度的原则。照度常用符号 E 表示。

1.16 推荐照度使用范围——照度等级的应用

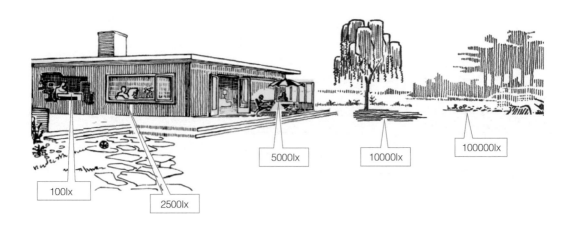

100lx

2500lx

5000lx

10000lx

100000lx

推荐照度使用范围

照度范围 /lx	应用
20～30～50	室外活动场所及工作场所、户外道路和工作区域。例如浴室、走廊、楼梯间、贮藏室、咖啡厅、站前广告等
30～100～150	流通场所、短途旅程的方向定位。例如电梯前室、室内菜场营业厅、值班室、游艺厅、剧场、客房服务室、酒吧柜台、邮电大厅、进站大厅等
50～100	短暂停留空间的定位
100～500	白天采光良好的室内
100～150～200	非连续使用的工作场所/工作房间。例如办公室、货架、柜台、排演厅、接待室、厨房、售票房、电教室、保龄球室等
200～300～500	简单视觉要求的作业场所、简单的视觉任务。例如设计室、橱窗、阅览室、烹调室、陈列室、美容室、体育运动的训练场比赛场等
300～500～700	中等视觉要求的作业场所、平均难度水平的视觉任务。例如体操赛场、篮球赛场、游泳跳水赛场、印刷机房、绘图室、一般精细作业区、机床区等
500～750～1000	较强视觉要求的作业、困难的视觉任务（特别是办公室工作）。例如乒乓球/围棋等比赛场、机电装配车间小件装配房、金属加工厂、精密电修车间等
750～1000～1500	较难视觉作业要求的场所、复杂视觉任务（特别是精密装配工作）
1000～2000	特殊视觉要求的作业场所、极其复杂的视觉任务（特别是检查和控制工作）
2000 以上	进行很精密的视觉作业

照度的应用

照度 /lx	应用或者情景
0.002	无月之夜的地面上的照度
0.2	月夜里的地面上的照度
20	室内照明最小值，不包括工作区域；面部照明推荐最低值
200	连续使用的工作区域照明的最小照度值
1000	晴天室外太阳散射光（非直射）下的地面上的照度
2000	标准工作区域照度值高限
>2000	为困难、复杂工作提供的额外照明
10000	中午太阳光下地面上的照度
20000	特殊视觉任务的照度水平，特别是手术室

点/亮/知/识

光的基本单位如下。

① 发光强度——发光体的"能量作用程度"。

② 光通量——发光体的"能量"。

③ 亮度——发光体的"能量表现程度"。

④ 照度——受照体的"呈现程度"。

1.17　照度标准值——照明的应用

照度标准值 ➔

0.5lx、1lx、2lx、3lx、5lx、10lx、15lx、20lx、30lx、50lx、75lx、100lx、150lx、200lx、300lx、500lx、750lx、1000lx、1500lx、2000lx、3000lx、5000lx分级

符合下列一项或多项条件，作业面或参考平面的照度标准值可按照度标准值的分级提高一级 ➔

视觉要求高的精细作业场所，眼睛至识别对象的距离大于500mm；

视觉作业对操作安全有重要影响；

视觉能力显著低于正常能力；

连续长时间紧张的视觉作业，对视觉器官有不良影响；

识别移动对象，要求识别时间短促而辨认困难；

识别对象与背景辨认困难；

作业精度要求高，且产生差错造成很大损失；

建筑等级和功能要求高

符合下列一项或多项条件，作业面或参考平面的照度标准值可按照度标准值的分级降低一级 ➔

作用精度或速度无关紧要；

进行很短时间的作业；

建筑等级和功能要求较低

作业面邻近周围照度可低于作业面照度，但不宜低于本表的数值 ➔

作业面邻近周围照度	
作业面照度/lx	作业面邻近周围照度/lx
≥750	500
500	300
300	200
≤200	与作业面照度相同

注：作业面邻近周围指作业面外宽度不小于0.5m的区域。

点/亮/知/识

设计照度与照度标准值的偏差不应超过±10%。作业面背景区域一般照明的照度不宜低于作业面邻近周围照度的1/3。

1.18　色温——光色的尺度

色温1000K 2000K 3000K 4000K 5000K 6000K 7000K 8000K 9000K 10000K

深红 ➡ 浅红 ➡ 橙黄 ➡ 白 ➡ 蓝

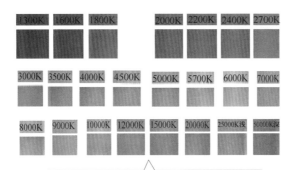

如果某一光源发出的光,与某一温度下黑体发出的光所含的光谱成分相同,则叫作某K色温

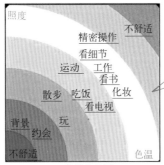

色温的应用

色温与光色间的关系
3200K以下光色为暖白光
3200～6000K时,光色逐步从暖黄色过渡到白色
6000～6500K时为正白色
6500K以上则逐步从白色过渡到蓝色
综上所述,色温低则光色偏暖,色温高则光色偏冷

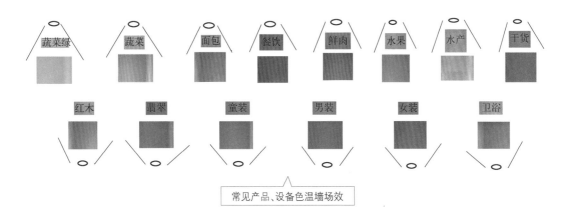

常见产品、设备色温墙场效

常用电光源的色温

光　源	色温/K	光　源	色温/K
白炽灯	2800～2900	暖白色荧光灯	2900～3000
白光色荧光灯	3000～4500	日光色荧光灯	4500～6500
高压钠灯	2000～2400	氙灯	5500～6000
卤化锡灯	5000	荧光高压汞灯	5500
卤钨灯	3000～3200		

 点 / 亮 / 知 / 识

　　相关色温（度）就是当光源的色品点不在黑体轨迹上，并且光源的色品与某一温度下的黑体的色品最接近时，该黑体的绝对温度为此光源的相关色温（度），简称相关色温。

　　黑体在受热后，逐渐由黑变红、转黄、发白，最后发出蓝色光。加热到一定的温度，黑体发出的光所含的光谱成分，就称为这一温度下的色温，计量单位为"K"（开尔文）。

　　如果某一光源发出的光，与某一温度下黑体发出的光所含的光谱成分相同，就叫作某K色温。例如100W灯泡发出的光的颜色，与绝对黑体在2527℃时的颜色相同，则这个灯泡发出的光的色温为：（2527+273）K=2800K。

1.19　色温和照度的关系——找舒适区

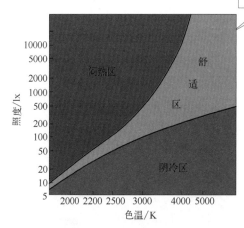

为产生舒适的照明照度与光源色温的关系,应选择舒适区

光色与照度的不同匹配,给人的感受不同

照度/lx	暖色	中间	冷色
＜500	舒适	中等	冷
500～1000 1000～2000 2000～3000	刺激	舒适	中等
≥3000	不自然	刺激	舒适

点/亮/知/识

色温（度）就是当光源的色品与某一温度下黑体的色品相同时，该黑体的绝对温度为此光源的色温（度），简称色温。色品就是用国际照明委员会（CIE）标准色度系统所表示的颜色性质。由色品坐标定义的色刺激性质。

1.20　光源颜色的选择——效果不同

舞厅、剧院等宜采用暖色光源，以创造热情的气氛

低色温光源给人以热情、兴奋的感觉。低色温光源被称为暖色光

低色温光源，就是呈现红、橙、黄色的光源

教室、办公室、病房等宜采用冷色光源，以创造宁静的气氛

高色温光源给人以宁静、寒冷的感觉。高色温光源被称为冷色光

高色温光源，就是呈现蓝、绿、紫色的光源

光源光色的照明效果

光源色调	照明效果	适宜照明场所
黄色光	热烈，活泼，愉快	舞厅、餐厅、宴会厅、舞台、会议厅、食品酒店
白色光	明亮，开朗，大方	教室、办公室、展览厅、百货商店
红色光	庄严，危险，禁止	障碍灯、警灯、庄严性布置
绿、蓝色光	宁静，优雅，安全	病室、休息室、客房、庭院、道路
粉红色光	镇静	精神病室

电光源对颜色所产生的影响

色彩	冷光荧光灯	3500K 白色荧光灯	柔白光荧光灯	白炽灯
暖色——红、橙黄	能够把暖色冲浅或使其带灰色	能够使暖色暗浅，对一般浅淡的色彩及淡黄色，会使其稍带黄绿	能够使无论任何鲜艳的冷色或暖色看上去更为有力	能够加重所有暖色，使其看上去鲜明
冷色——蓝、绿、黄绿	能够使冷色中所有黄色及绿色成分加重	能够使冷色带灰，但能使其中所含有的绿色成分加强	能够把较浅的色彩和浅蓝、浅绿等冲淡，使蓝色与紫色罩上一层粉红色	会使一切淡色、色暗淡及带灰

点/亮/知/识

　　光源颜色的选择，需要与室内空间的功能要求相结合。寒冷的地区宜采用暖色光源。温暖的、炎热的地区宜采用冷色光源。人眼对黄绿光最敏感。人工光与自然光的光谱组成不同，则显色效果也有差别。如果灯光的光色与空间色调不配合，则会破坏室内艺术效果。

1.21　色调——颜色的基调

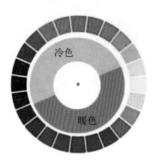

常用电光源的色调

光　源	色　调
白炽灯、卤钨灯	偏红色光
白光色荧光灯	与太阳光相似的白色光
高压钠灯	金黄色光，红色成分偏多、蓝色成分不足
金属卤化物灯	接近日光的白色光
氙灯	非常接近日光的白色光
荧光高压汞灯	淡蓝 - 绿色光，缺乏红色成分

点/亮/知/识

　　色调就是电光源的颜色特性。塑造光的颜色的途径如下。
① 用彩色透明或半透明材料制作的发光体。
② 在灯具上填上变色的滤镜，使得光源发出的光变成彩色。
③ 直接应用色彩光源，例如霓虹灯、彩色荧光灯等。

1.22 色容差——色品的偏离

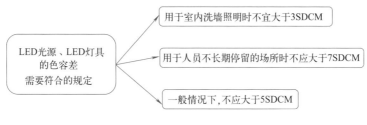

用于室内洗墙照明时不宜大于3SDCM

LED光源、LED灯具
的色容差
需要符合的规定

用于人员不长期停留的场所时不应大于7SDCM

一般情况下,不应大于5SDCM

SDCM 表示颜色匹配标准偏差

点/亮/知/识

色容差可表征一批光源中各光源与光源额定色品的偏离,用颜色匹配标准偏差 SDCM（standard derivation of color matching）表示。

1.23 显色性——光照下的逼真程度

显色性 —— 就是物体本身的颜色与某一光源照射下所呈现的颜色对比关系

通俗地说:就是物体在光源的照射下所呈现出来的逼真程度

点/亮/知/识

光源的种类很多,其光谱特性各不相同,因而同一物体在不同光源的照射下,将会显现出不同的颜色,这就是光源的显色性。低显色性光源其光谱组成仅集中少数波长,大部分波长分布不足而使物体显色的饱和度降低,因此要更多的光量以供物体反射色彩视觉所需的波长。

1.24 显色指数——光源显色能力

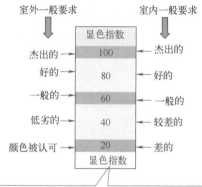

显色指数是指在特定的条件下，经某光源照射的物体所产生的心理感官颜色(人眼睛所看到物体在某光源照射下所呈现的颜色)与该物体在标准光源(指在太阳照射下)照射下的心理颜色相符合或对比的程度一个参数

不同显色性下物体的色彩表现

极好R_a=100　　　较好R_a>80　　　普通60<R_a<80

显色指数系数是定义光源显色性评价的普遍方法，一般用平均显色指数(R_a)来评价

常用电光源的一般显色指数

光　源	一般显色指数（R_a）	显色性等级	应用场所
白炽灯	80～90	很好	需要对色彩进行正确判断的场所，例如彩色电视转播、陈列展品照明
	>85	极好	需要对色彩进行精确对比的场所，例如印刷、印染品检验等
镝灯	80～90	很好	需要对色彩进行正确判断的场所，例如彩色电视转播、陈列展品照明
	>85	极好	需要对色彩进行精确对比的场所，例如印刷、印染品检验等
高压汞灯	22～51	中等	对显色性要求较低、色差较小的场所，例如室外照明
高压钠灯	20～25	较差	对显色性无具体要求的场所，例如停车场、货场等
金属卤化物灯、钠铊铟灯	60～65	—	—
卤化锡灯	93	—	—
卤钨灯	95～99	—	—

续表

光　源	一般显色指数（R_a）	显色性等级	应用场所
氙灯	95～97	—	
溴钨灯	80～90	很好	需要对色彩进行正确判断的场所，例如彩色电视转播、陈列展品照明
	>85	极好	需要对色彩进行精确对比的场所，例如印刷、印染品检验等
白光 LED	采用不同的技术，能实现显色指数为 55～99	—	—
日光色荧光灯	80～94	—	—
白炽灯色荧光灯	75～85	较好	需要中等显色性的场所，例如室内照明
暖白色荧光灯	80～90	—	—

 点 / 亮 / 知 / 识

　　为了对光源的显色性进行定量的评价，引入了显色指数的概念。平均显色指数 R_a，就是国际照明委员会 CIE 规定太阳的显色指数为 R_a=100，用 8 种标准试验色（1～8）比较待测光源的显色与太阳光下的显色差异度的平均值。

　　特殊显色指数 R_i，就是光源对国际照明委员会（CIE）选定的标准颜色样品的显色指数。

　　平均显色指数 R_a，就是光源对国际照明委员会（CIE）规定的第 1～8 号标准颜色样品显色指数的平均值。

　　长期工作或停留的房间或场所，照明光源的显色指数 R_a 不应小于 80。在灯具安装高度大于 8m 的工业建筑场所，R_a 可低于 80, 但是必须能够辨别安全色。

　　长期工作或停留的房间或场所，发光二极管灯光源色温不宜高于 4000K。

1.25　直射光——直接照射的光

直接照明 —— 将照明灯具90%～100%的发射光通直接投射到工作面上(假定工作面是无边界的)的照明

半直接照明 —— 将照明灯具60%～90%的发射光通直接投射到工作面上(假定工作面是无边界的)的照明

均匀漫射照明 —— 将照明灯具40%～60%的发射光通直接投射到工作面上(假定工作面是无边界的)的照明

半间接照明 —— 将照明灯具10%～40%的发射光通直接投射到工作面上(假定工作面是无边界的)的照明

间接照明 —— 将照明灯具不超过10%的发射光通直接投射到工作面上(假定工作面是无边界的)的照明

点/亮/知/识

照明用光随灯具品种、造型不同，以产生不同的光照效果。所产生的光线，可以分为直射光、反射光、漫射光等。其中，直射光（直接照明）就是光源直接照射到工作面上的光。直射光的照度高，电能消耗少。为了避免光线直射人眼产生眩光，通常需用灯罩相配合，把光集中照射到工作面上。

扫码看视频

反射光

1.26 反射光——反射照射的光

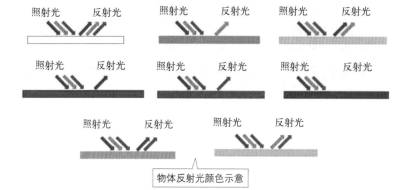

物体反射光颜色示意

点/亮/知/识

反射光就是利用光亮的镀银反射罩作为定向照明，使光线受下部不透明或半透明的灯罩的阻挡，光线的全部或一部分反射到天棚与墙面，然后向下反射到工作面。反射光光线，具有柔和、视觉舒适、不易产生眩光等特点。

1.27 漫射光——多方向或混合

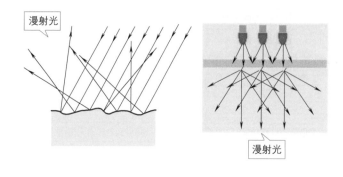

漫射光是指利用磨砂玻璃罩、乳白灯罩或者特制的格栅，使光线形成多方向的漫射。漫射光也可以是直射光、反射光混合的光线。漫射光具有光质柔和、颇佳艺术效果等特点。漫射照明方式是指利用灯具的折射功能来控制眩光，将光线向四周扩散漫散。漫射照明方式的形式如下。

　　① 光线从灯罩上口射出经过平顶反射，两侧从半透明灯罩扩散，下部从格栅扩散。

　　② 用半透明灯罩把光线全部封闭产生漫射。

　　集中光产生的投影轮廓清晰，漫射光产生的投影轮廓柔和。物体受光面与背光面的明暗的比值越大，则投影的密度越大，与环境亮度的反差也就越大。

1.28　均匀度——场景里明暗的差异

$U_0 \geqslant 0.4$：观众厅、休息室、咖啡厅、公共大堂、走道、大件库等场所
$U_0 \geqslant 0.6$：办公室、教室、会议室、商店、加工室、控制室等一般作业场所
$U_0 \geqslant 0.7$：治疗室、化验室、营业柜台、精细加工等重要场所

$$均匀度\, U_0 = \frac{最低照度\, E_{min}}{平均照度\, E_{av}}$$

　　为了减轻眼睛对于照明条件的频繁适应所造成的视觉疲劳，室内照度的分布应该具有一定的均匀度。均匀度越高，场景里面明暗的差异就越小，整体亮度就越平均。

1.29　光效——发光效率或功率因素

$$光效 = \frac{光源总光通量}{耗电量}$$

　　光效就是转换为光能的效率，即每一瓦的电力能发出多少光量。光效也就是发光效率，简称光效，单位为 lm/W（流明 / 瓦）。光效通常是以某光源在标准的条件下所发出的总光通量除以光源消耗掉的功率得到的。光效的数值越高，表示该光源的效率越高。所以对于使用时间较长的场所（例如办公厅、走廊、酒店等），选择光效高的灯具更为重要。

1.30   常用光源光效

常用光源的光效

光源类型	光效 /（lm/W）
白炽灯	14
卤素灯	23
荧光灯	70
金卤灯	85
高压钠灯	120
低压钠灯	180

1.31   光与影——影由光生

光

物体影子的大小与物体和光源间的距离有关：
遮挡物与光源越近，影子越大；
遮挡物与光源越远，影子越小
影子的长短和光源照射的角度有关：
光源直射遮挡物时，影子短；
光源斜射遮挡物时，影子长；
斜射的程度越大，影子就越长

小角度照射产生的投影紧缩成一团，
大角度照射产生的投影会被拉得纤长

 点 / 亮 / 知 / 识

光斑受视觉关注的程度，取决于光线同环境亮度的明暗比值与影子形态的复杂程度。明暗比值越大、效果越清晰、形状越精致，就越受关注。影子形状和光源照射的物体侧面有关。

1.32　光通量——人眼感知的光量

光通量是指单位时间内，光源向周围空间辐射出去的并使人眼产生光感的能量。光通量以 F 表示，单位以流明(lm)表示。光通量方向：由光源指向被照面

当发出波长为555nm绿色光的单色光源，其辐射功率为1W时，则其所发出的光通量为683lm

亮度 $I(\text{cd/m}^2)$

发光面的明亮程度

光源

光通量 $F(\text{lm})$

光的量

发光强度 $I(\text{cd})$

光的强弱

照度 $E(\text{lx})$

照射面的明亮程度

发光度 $M(\text{lm/m}^2)$

对象物体

某一波长的光源光通量计算公式

$$\phi_\lambda = 680\ v_\lambda\ P_\lambda$$

ϕ_λ：波长的光源光通量(lm)

P_λ：波长的光源辐射功率(W)

v_λ：波长的光源相对光谱效率

 点 / 亮 / 知 / 识

　　光通量是指人眼所能感觉到的辐射功率，即单位时间内的光流量。光流量是指光源所产生的总的光能，没有指定方向、距离或强度。光通量是描述光源发出的光总量的参数，即光源每秒所发出光的总和。例如，一款灯的标识为330lm，则表示该灯每秒发出 330 单位的光。光源不同，光通量也不同。同种光源，功率不同，光通量也不同。光通量符号为 Φ，单位流明符号为 lm。

1.33　光通量维持率——判断灯有效寿命

$$光通量维持率 = \frac{光通量}{初始光通量}$$

 点 / 亮 / 知 / 识

　　光通量维持率是指灯在规定条件下，按给定时间点亮后的光通量与其初始光通量之比。LED 光源或 LED 灯具的初始光通量，是指其在规定条件下点亮 1000h 后的光通量。LED 光源、LED 灯具工作 3000h 后的光通量维持率不应小于 96%；6000h 后的光通量维持率不应小于 92%。光通量维持率低于 50% 可视为灯已达到使用寿命。

1.34 发光强度——发光的大小

特定的单位立体角内所发射的光通量称为光强，可用以下公式表示

$$光强I= \frac{特定角度的光通量 \varPhi (总光通量的一部分)}{特定角度\Omega}$$

点 / 亮 / 知 / 识

　　发光强度，也就是光强、光度。光源在给定方向的单位立体角中所发射的光通量定义为该方向的光。光强符号以 I 表示，单位为坎德拉（符号以 cd 表示），其中 1cd=1lm/sr（球体）。发光强度，通俗地讲就是光源在通常情况下都是向不同方向发射的，并且向每个方向所发射的光通量是不一样的。

1.35 亮度——发光的强弱

扫码看视频

亮度

亮度又叫辉度

$$亮度L= \frac{光强(cd)}{被看到平面的面积(m^2)}$$

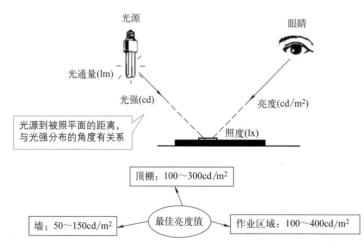

点 / 亮 / 知 / 识

　　亮度是指人眼睛从某一方向看到某物体所反射过来的光线（也就是反射过来的光通量）。亮度一般用 L 表示。亮度的单位为 cd/m^2（也就是坎德拉 / 平方米）。

1.36　亮度分布——环境表面亮度要求

亮度分布要求

室内表面	亮度比推荐值
观察对象与工作面间（如书与桌子间）	3：1
观察对象与周围环境间（如书、物与墙壁 间）	10：1
光源（照明器）与背景（环境）间	20：1
视野内最大亮度差	40：1

点 / 亮 / 知 / 识

在视野内有合适的亮度分布是舒适视觉的必要条件。为了使室内环境能获得适当的亮度分布，同时避免烦琐的计算工作，通常用亮度比和墙面、顶棚、地板等反射比来作为设计应达到的要求。

1.37　反射比——反射能量与入射能量之比

长时间工作，工作房间内表面的反射比宜按本表选取长时间工作，工作房间作业面的反射比宜限制在 0.2～0.6

工作房间内表面反射比

表面名称	反射比
顶棚	0.6～0.9
墙面	0.3～0.8
地面	0.1～0.5

点 / 亮 / 知 / 识

反射比是指在入射辐射的光谱组成、偏振状态、几何分布给定状态下，反射的辐射通量或光通量与入射的辐射通量或光通量之比。反射比符号为 p。

1.38 眩光与其分类——引起视力不适或降低的光

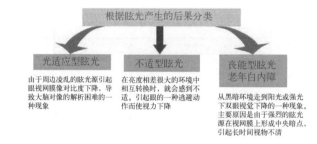

根据眩光产生的后果分类

光适应型眩光	不适型眩光	丧能型眩光 老年白内障
由于周边凌乱的眩光源引起眼视网膜像对比度下降，导致大脑对像的解析困难的一种现象	在亮度相差很大的环境中相互转换时，就会感到不适。引起眼的一种逃避动作而使视力下降	从黑暗环境走到阳光或强光下双眼视觉下降的一种现象。主要原因是由于强烈的眩光源在视网膜上形成中央暗点，引起长时间视物不清

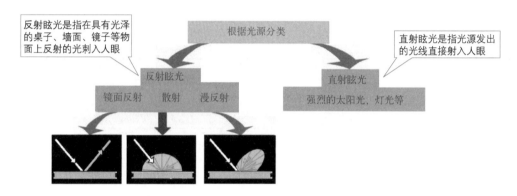

反射眩光是指在具有光泽的桌子、墙面、镜子等物面上反射的光刺入人眼

直射眩光是指光源发出的光线直接射入人眼

根据光源分类

反射眩光

镜面反射　散射　漫反射

直射眩光

强烈的太阳光、灯光等

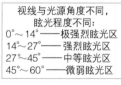

点/亮/知/识

　　眩光是指视野内出现过高的亮度或过大的亮度比，所造成的视力不适或视力降低的现象。眩光分为直射眩光、反射眩光等形式。眩光造成不舒适，则称为不舒适眩光。眩光造成可见度下降，则称为失能眩光。不舒适眩光和失能眩光，都有直接眩光和间接眩光之分。直接眩光是指由观察者视场中的明亮与发光体引起的眩光。间接眩光是指由观察者在光泽的表面中看到发光体的像时产生的眩光。

1.39 眩光程度——光角度不同眩光不同

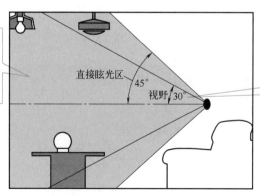

视线与光源角度不同，眩光程度不同：
0°～14°——极强烈眩光区
14°～27°——强烈眩光区
27°～45°——中等眩光区
45°～60°——微弱眩光区

直接眩光区

45°

视野 30°

水平向上30°角内属于"视野范围"，应避免该范围出现强光

点/亮/知/识

　　轻微的眩光使人心神烦乱，严重的眩光则使人深感不舒适。所以各种环境照明设计与应用中，必须考虑如何避免眩光的产生。

1.40　眩光限制等级——等级小眩光少

眩光限制等级

眩光等级 G	眩光分类
I	没眩光
II	介于不存在和轻微眩光之间
III	轻微眩光
V	厉害眩光
VI	介于厉害和不能忍受眩光之间
VII	不能忍受眩光

 点/亮/知/识

　　使用格栅射灯的天花板一般比较暗，容易形成亮度对比。所以，尤其需要注意防止眩光。预防直接眩光，其实就是限制视野内灯或灯具的亮度。

1.41　UGR——统一眩光值

统一眩光值

UGR	10	13	16	19	22	25	28
不舒适眩光的主观感受	无眩光	极轻微，无不适感	轻微眩光，可忽略	轻微眩光，可忍受	有眩光，刚好有不适感	有眩光，有不舒适感	严重眩光，不能忍受

 点/亮/知/识

　　UGR 是指统一眩光值，它是国际照明委员会（CIE）用于度量处于室内视觉环境中的照明装置发出的光对人眼引起不舒适感主观反应的心理参量。度量室内视觉环境中的照明装置发出的光对人眼造成不舒适感主观反应的心理参量，其量值可根据计算条件用 CIE 统一眩光值公式计算。

1.42 防止眩光的办法——设计应用要考虑

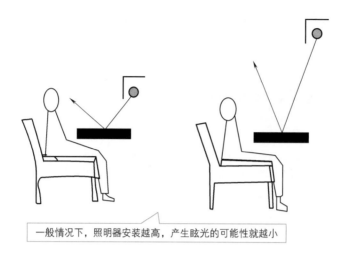

一般情况下，照明器安装越高，产生眩光的可能性就越小

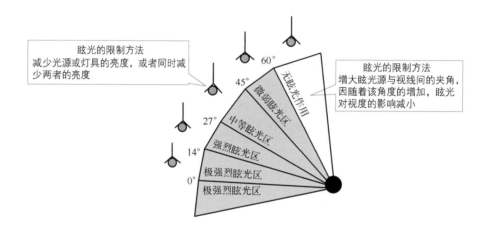

眩光的限制方法
减少光源或灯具的亮度，或者同时减少两者的亮度

眩光的限制方法
增大眩光源与视线间的夹角，因随着该角度的增加，眩光对视度的影响减小

60°
45°
27°
14°
0°

无眩光作用
微弱眩光区
中等眩光区
强烈眩光区
极强烈眩光区
极强烈眩光区

眩光限制
长期工作或停留的房间或场所，选用的直接型灯具的遮光不适合表中的规定

直接型灯具的遮光角	
光源平均亮度/(kcd/m²)	遮光角/(°)
1~20	10
20~50	15
50~500	20
≥500	30

眩光限制

有视觉显示终端的工作场所，在与灯具中垂线成65°～90°范围内的灯具平均亮度限值需要符合的规定

屏幕分类	灯具平均亮度限值/(cd/m²)	
	灯具平均亮度限值	
	屏幕亮度大于200cd/m²	屏幕亮度小于等于200cd/m²
亮背景暗字体或图像	3000	1500
暗背景亮字体或图像	1500	1000

点 / 亮 / 知 / 识

环境中的强光会损害婴幼儿稚嫩的视网膜组织。老年人因为视网膜的新陈代谢功能下降导致强光造成的损伤修复能力下降。对于成年人，眩光可致疲劳性肌张力过强，对调节功能造成损伤，久之视功能会下降。

正常的人工照明中，适合人眼的光照照度为 100 ~ 300lx，光线闪频为 ≥ 150Hz。如果照度过强或闪频不足，易使眼睛疲劳，引发近视类的屈光不正。在不合格的护眼灯下看书、一些电子产品因颜色变化率快也易引起视觉疲劳。

眩光与发光体的亮度、视角、出现的位置和眼睛的亮度适应水平有关。所以，眩光的限制需要分别从光源、灯具、照明方式等方面进行，也可以在室内装修中配合控制。

人工照明时限制光源亮度比可以防止眩光。防止眩光的办法如下。

① 可以采用保护角较大的灯具。

② 合理布置灯具位置、选择适当悬挂高度。灯具位置越高，则眩光的可能性越小。一般而言，表面亮度大或保护角小的灯具应挂得高一些。

③ 限制光源亮度、降低灯具表面亮度。周围暗，眼睛适应越暗，眩光越显著。光源亮度越高，眩光越显著。光源越接近视线，眩光越显著。

④ 适当提高环境亮度，减少亮度对比，特别是减少工作对象与其直接相邻的背景间的亮度对比。

⑤ 采用无光泽的材料，如用磨砂玻璃、乳白玻璃、塑料等材料制作的灯具。

⑥ 可以做遮光罩或格栅，并且有一定保护角，一般要求为 15°～ 45°才能有效地限制或消除眩光。

⑦ 光源数量越多，造成眩光的可能性也越大，所以对光源的数量应有一定的限制。

⑧ 将灯具安装在不易形成眩光的区域内。

⑨ 采用低光泽度的表面装饰材料。

⑩ 墙面的平均照度不宜低于 50lx，顶棚的平均照度不宜低于 30lx。

⑪ 将带有格栅的嵌入式灯具布置成发光带，可限制眩光，并且获得感官上的舒适。

⑫ 选用装有漫射玻璃的灯具，可防止直接眩光。

1.43 光束角——边界形成的夹角

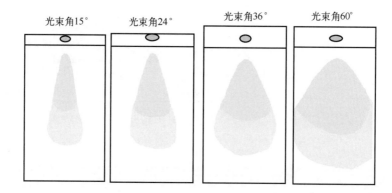

光束角15°　　光束角24°　　光束角36°　　光束角60°

点/亮/知/识

　　光束角 θ 是指在给定平面上，以极坐标表示的发光强度曲线的两矢径间的夹角，该矢径的发光强度值等于50%的发光强度最大值。不同光束角，则照明立体展品效果不同。

第 2 章 ▶▶
灯具基础与常识

2.1 灯具的概念与特点——灯具是总称

| 轨道灯 | 格栅灯 | 斗胆灯 | 筒灯 | 射灯 |

 点/亮/知/识

　　灯具是光源、灯罩、附件的总称。灯罩起着固定与保护光源，控制并重新分配光在空间的分布，防止眩光等作用。合理配光，也就是将光源发出的光通量重新分配到需要的方向，达到合理利用的目的。照明设计与应用，需要防止光源引起眩光、提高光源利用率、保证照明安全、注重照明装饰美化环境、营造照明艺术氛围、符合场景效果等。

2.2 灯具的特性——配光曲线等

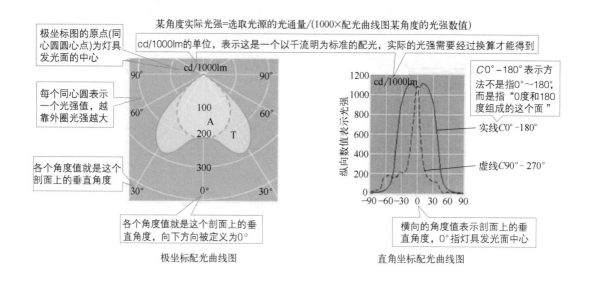

某角度实际光强=选取光源的光通量/(1000×配光曲线图某角度的光强数值)

cd/1000lm的单位，表示这是一个以千流明为标准的配光，实际的光强需要经过换算才能得到

极坐标图的原点(同心圆圆心点)为灯具发光面的中心

每个同心圆表示一个光强值，越靠外圈光强越大

各个角度值就是这个剖面上的垂直角度

各个角度值就是这个剖面上的垂直角度，向下方向被定义为0°

极坐标配光曲线图

C0°-180°表示方法不是指0°~180°，而是指"0度和180度组成的这个面"

实线C0°-180°

虚线C90°-270°

纵向数值表示光强

横向的角度值表示剖面上的垂直角度，0°指灯具发光面中心

直角坐标配光曲线图

 点/亮/知/识

发光效率是指在规定的使用条件下，灯具发出的总光通量与灯具内所有光源发出的总光通量之比。发光效率也称为灯具光输出比。灯具的光效总小于1。

保护角也称为遮光角，它是光源发光体最边沿一点和灯具出光口的连线与通过光源光中心的水平线间的夹角。正常的水平视线条件下，为了防止高亮度的光源造成直接眩光，灯具至少要有10°～15°的遮光角。

配光曲线是指光源或灯具在空间各个方向的光强分布。配光曲线的表示方法如下。

① 极坐标法。

② 直角坐标法。

③ 等光强曲线法。

配光曲线按其对称性质不同可以分为：轴向对称、对称、非对称等类型。

2.3　灯具的分类——细分

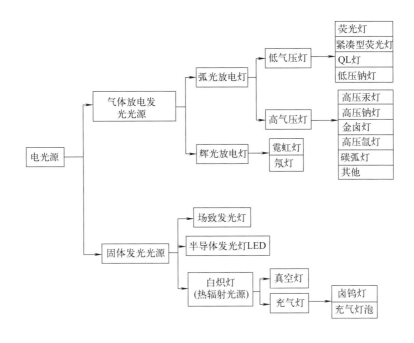

灯具分类与其特点

灯具类型		直射型	半直射型	漫射型	半反射型	反射型
光通量/%	上半球	0～10	10～40	40～60	60～90	90～100
	下半球	100～90	90～60	60～40	40～10	10～0
配光曲线						
灯具示例						

点/亮/知/识

灯具的分类如下。

① 根据光通在空间的分配特性，分为直接型灯具、半直接型灯具、半间接型灯具、间接型灯具等。

② 根据灯具的用途，分为功能灯具、装饰灯具等。

③ 根据灯具的形式与风格，分为欧风灯饰、简约灯饰、趣味灯饰、前卫灯饰等。

④ 根据配光曲线，分为轴向对称灯具、对称灯具、非对称灯具等。

⑤ 根据采用的电光源，分为白炽灯灯具、荧光灯灯具、高压气体放电灯具等。

⑥ 根据安装方式，分为吸顶灯、壁灯、落地灯、嵌入式灯、吊灯、台灯、庭院灯、投光灯等。

⑦ 投光类灯具，根据其光束的宽窄分为窄光束、宽光束、中等光束等。其中窄光束：光束角 < 20°。中等光束：光束角 20°～40°。宽光束：光束角 >40°。

扫码看视频

2.4 光源特性——应用

光源特性

常见光源特性

类 别	效率 /lm	经济寿命 /h	特 征	适用范围
气体放电灯				
高压水银灯泡	40～61	1000～12000	高效率、寿命长、适当显色性	住宅区公用区、运动场、工厂
免用整流器水银灯泡	10～26	6000	寿命长、演色性佳、安装容易、效率较白炽灯泡高	可直接取代白炽灯泡用于小型工业场所、公共区域用植栽照射
金属卤化物灯泡	66～108	4000～10000	效率高、寿命长、演色性佳	适合彩色电视转播运动场投光照明、工业照明、道路照明、植栽照射
高压钠气灯泡	68～150	8000～16000	效率极高、寿命较长、光输出稳定	道路、隧道等公共场所照明、投光照明、工业照明、植栽照射
低压钠气灯泡	99～203	12000	效率极高、寿命特长、明视度高、显色性差为单一光色	节约能源、高效而颜色不重要的各种场所
白炽灯				
普通灯泡	8～18	1000	安装及使用容易、立即启动成本低、反射泡可做聚光投射	住宅基本及装饰性照明、反射灯泡可用于重点照明
反射灯泡	8～18	1000		
卤素灯	12～14	2000～3000	体积小、高亮度、光色较白、易安装、寿命较普通灯泡长	商业空间的重点照明
日光灯				
普通型日光灯	60～104	5000～12000	有各种不同光色可供选择、可达到高照度并兼顾经济性	办公室、商场、住宅及一般公共建筑
PL 灯管	46～87	8000～10000	体积小、寿命长、效率高、省电	局部照明、安全照明、方向指标照明
SL 省电灯管	39～50	6000	高效、省电、能直接取代普通白炽灯泡	大部分使用白炽灯泡的场所均可使用

点 / 亮 / 知 / 识

　　能够自身发光的物体都可称为光源。平时所说的光源都指的是电光源。电光源是指将电能转换成光学辐射能的器件。

扫码看视频

嵌入式灯具

2.5　嵌入式灯具——嵌入安装

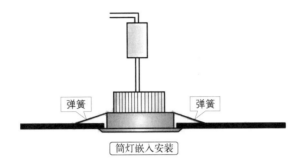

弹簧　　　　　　　弹簧

筒灯嵌入安装

 点 / 亮 / 知 / 识

　　嵌入式灯具是装饰设计应用中利用率较高的一种灯具。常见的嵌入式灯具有格栅灯盘、筒灯、天花射灯等。嵌入式灯具可用于向下照明、洗墙照明、重点照明等。嵌入式灯具有低压、高压之分。嵌入式灯具光源，可以选择白炽灯、卤钨灯、荧光灯、LED 等。

扫码看视频

装饰性灯具

2.6　装饰性灯具——突出视觉艺术

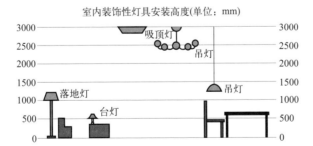

室内装饰性灯具安装高度(单位：mm)

点/亮/知/识

装饰性灯具是在满足空间照明功能的基础上，对灯具外观进行视觉艺术处理，满足人的审美需求。

扫码看视频

2.7 吸顶灯（天花灯）——安装吸附房顶部

吸顶灯（天花灯）

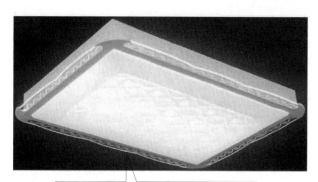

吸顶灯安装在房间内部，由于灯具上部较平，可以紧靠屋顶安装，像吸附在屋顶上而得名

点/亮/知/识

吸顶灯用于一般照明。吸顶灯常应用于大厅、大堂、卧室、厨房、浴室、洗衣间、娱乐室等使用率较高的空间。家用吸顶灯的光源有普通白炽灯、荧光灯、LED 灯等。大场合吸顶灯的光源有卤钨灯、高强度气体放电灯等。

单火吸顶灯的规格：小型直径为 150mm，大型直径为 360mm。

多火吸顶灯，包括双火、三火以及很多不同规格组合，尺寸从 300mm×300mm 到 1000mm×1000mm 不等。

吸顶灯的功率有 10W、16W、21W、28W、32W、38W、40W 等。直径约为 200mm 吸顶灯适宜在走道、浴室内使用。直径约为 400mm 的吸顶灯，适宜在不小于 $16m^2$ 的房间使用。

2.8　壁灯——"安贴"在墙壁

扫码看视频

壁灯

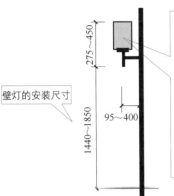

壁灯的安装尺寸

壁灯的规格					
规格	高度/mm	直径/mm	功率/W		挑出距离/mm
			白炽灯	荧光灯	
大壁灯	450～800	150～250	100、150	30	95～400
小壁灯	275～450	110～130	40、60	6、8	95～400

大号　小号

尺寸(宽/高/离墙)/cm	光源	适用面积(参考值)/m²
12/54/16	E27×1	5～10
11/40/15	E27×1	5～10

尺寸：直径16cm、高28cm
适用空间(参考值)：5～10m²

尺寸：直径37cm、高28cm
适用空间(参考值)：10～15m²

单头

尺寸：宽10cm、高19cm
适用空间(参考值)：3～5m²
光源 E27×1

双头

尺寸：宽26cm、高19cm
适用空间(参考值)：5～8m²
光源 E27×2

E27 为一种灯座口、灯头规格

点/亮/知/识

　　壁灯通常用于补充式一般照明、任务照明、重点照明。壁灯通常被作为餐厅花灯的配角，也可以用于过道、卧室、起居室的照明。壁灯采用的光源包括白炽灯、卤钨灯、荧光灯等。对于壁灯，不仅要考虑从正面看起来舒适感好的灯外，还需要考虑从侧面看起来舒适感好的灯。

2.9　台灯——"放置"桌台面上

规格	高度/mm	直径/mm	功率/W	
			白炽灯	荧光灯
大台灯	500～700	350～450	60、100	6、8
中台灯	400～550	350～300	40、60	6
小台灯	250～400	200～350	25、40	3、6

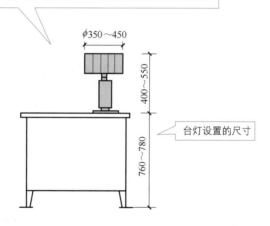

台灯设置的尺寸

 点/亮/知/识

　　台灯是放在台面上可自由移动的灯具。台灯的造型和装饰，可以起到辅助一般照明或任务照明的装饰作用。台灯所需的光源有白炽灯、卤钨灯、荧光灯、LED 灯。台灯一般用在办公室、书房、工作室、卧室、起居室。台灯的照明要求不产生眩光。应选择用浅色材料制作、放置稳妥安全、开关方便、绝缘性能好的台灯。

2.10　吊灯——"吊挂"的风格

扫码看视频

吊灯

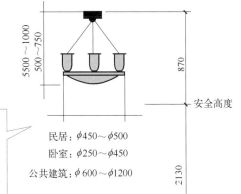

吊灯一般作为基础照明，应用时应防止安全灯罩破裂、脱落等情况出现
多火吊灯应多用几根导线，以便控制一定数目的灯
不怎么重要的场合，可以用荧光灯作吊灯，但是需要加灯罩、格栅，以免产生眩光

民居：$\phi450\sim\phi500$
卧室：$\phi250\sim\phi450$
公共建筑：$\phi600\sim\phi1200$

安全高度

点/亮/知/识

单火吊灯直径为 200 ～ 450mm，多火吊灯直径为 100 ～ 200mm。吊灯使用的光源功率最大值为 200W，一般多为 40W、60W、100W。 一般 30W、40W 的荧光灯可相当于 150W 的白炽灯。普通吊灯的外形较小一点，常采用环状或锥状等组件来防止眩光。

2.11　槽灯——安放在槽内

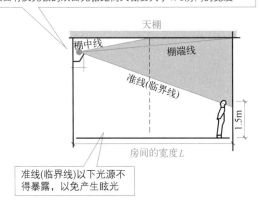

双面无反光板的光檐距离天棚要大于(1/5)～(1/4)房间的宽度；双面有反光板的双面光檐距离天棚要大于1/8房间的宽度

天棚

棚中线

棚端线

准线(临界线)

1.5m

房间的宽度L

准线(临界线)以下光源不得暴露，以免产生眩光

点/亮/知/识

　　槽灯可以使顶棚、墙上部亮度均匀。为了充分利用光源，以及能够使天棚照度均匀，则要求槽灯、天棚的距离尺寸适合。

　　某种灯槽的形式如下。

　　① 窄灯槽（宽 3.5cm×高 2.8cm），LED 贴片及驱动器（12～17W/m），安装后凸出扣板 2.5cm。

　　② 宽灯槽（宽 5.0cm×高 2.8cm），LED 贴片及驱动器（12～17W/m），安装后凸出扣板 1cm。

2.12 石膏灯——石膏粉制成

石膏灯是采用石膏制成的灯，其能够更好地与墙上的腻子结合起来，达到光与建筑的浑然一体

点/亮/知/识

　　石膏灯的灯体由 70% 的石膏粉制成，与平常见到的天花吊灯一样。石膏灯能够与天花板的设计完美融合，添加一点造型设计感，能够从视觉上能给人一种好像是建筑结构在发光的感觉。

2.13 落地灯——落放在地面

点/亮/知/识

　　落地灯包括地板灯、火炬间接照明灯、茶杯灯、翻转灯、迷你反射聚光灯、桌面灯、钢琴灯等。落地灯可以满足任务和重点照明的需求。

2.14　立灯——立着放置

立灯的常用规格				
型号	高度/mm	直径/mm	功率/W	
			白炽灯	荧光灯
大立灯	1520~1850	400~500	100、150	8
中立灯	1400~1700	300~450	100	6、8
小立灯	1080~1400	250~400	60、75、100	6

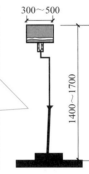

 点/亮/知/识

　　立灯光源与地面的距离，大号立灯不应超过 1500mm，小号立灯不应超过 1000 ～ 1300mm，中号立灯大约为 1400mm。立灯主要用于起居室、客厅、书房等。 立灯主要是在阅读、书写、会客时作局部照明。 立灯多靠墙设计放置，或者设计放在沙发侧后方。应选择结构稳定、不怕轻微碰撞的立灯。立灯的电线应长一些，以便移动。最好选择根据使用需要调节其高度、角度的立灯。

2.15　白炽灯——传统灯

　　白炽灯是根据热辐射原理制成的，通常其是靠电能将灯丝加热到白炽而发光，灯丝将电能转变成可见光的同时，还会产生大量的红外辐射与少量的紫外辐射

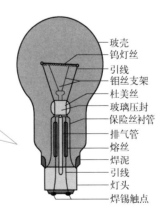

玻壳
钨灯丝
引线
钼丝支架
杜美丝
玻璃压封
保险丝衬管
排气管
熔丝
焊泥
引线
灯头
焊锡触点

点/亮/知/识

白炽灯，可以理解成一个点光源，其向四周散发黄中带白的灯光。其灯泡的玻璃外壳，可以分为明泡、磨砂等类型。按外形，其可以分为：

① 普通型白炽灯；

② 球形白炽灯；

③ 异形白炽灯。

白炽灯实质上就是一个电阻。遵循纯电阻电流公式：$I=U/R$；$P=IU$。白炽灯中的钨丝有正的电阻特性，冷的电阻小。因此，白炽灯要分批启动。

2.16 卤钨灯（卤素灯）——明亮白色光

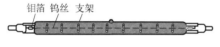

管状卤钨灯

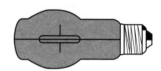

双泡壳单端卤钨灯

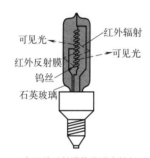

有红外反射膜的单端卤钨灯

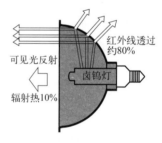

MR型卤钨灯

点/亮/知/识

卤钨灯（卤素灯）是指能够提供明亮的白色灯光，其比白炽灯的寿命更长，比常规白炽灯的光效更大。卤钨灯（卤素灯）在整个光源的寿命期间能维持极高的效率。卤钨灯的泡壳，必须使用耐高温的石英玻璃或硬玻璃制作。卤钨灯（卤素灯）分为高压市电型（120V）、低压（12V）等类型。低压型卤钨灯（卤素灯），需要一个变压器来逐步降低电压。市电型的卤钨灯，直接接在市电电压下工作，这类卤钨灯有双端、单端、双泡壳之分。卤钨灯还可以封入抛物反射面泡壳内做成卤钨 PAR 灯。

2.17 荧光灯——利用荧光粉发光

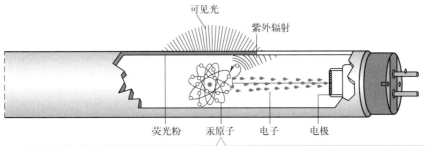

荧光灯内包含低气压的汞蒸气与少量的惰性气体，灯管的内表面涂有荧光粉层，灯内的低气压汞蒸气放电，将60%左右的输入电能转变成波长为253.7nm的紫外辐射，荧光粉能有效地将这一紫外辐射转变成可见光

点/亮/知/识

　　荧光灯只采用白炽灯的（1/5）～（1/3）的电能就能发出相同的光通量，同时比白炽灯的使用寿命更长。荧光灯的常见类型有节能灯、直管、2D 管、环形管。

2.18 高压钠灯——功率高

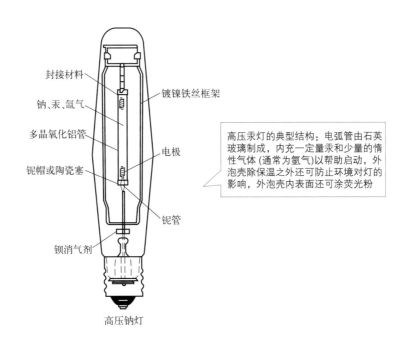

高压汞灯的典型结构：电弧管由石英玻璃制成，内充一定量汞和少量的惰性气体(通常为氩气)以帮助启动，外泡壳除保温之外还可防止环境对灯的影响，外泡壳内表面还可涂荧光粉

高压钠灯

点 / 亮 / 知 / 识

　　高压钠灯的特点是光效接近低压钠灯，光色优于低压钠灯，体积小、功率高、紫外线辐射少、寿命长，属于节能型电光源。但是，高压钠灯光色偏黄、透雾性能好。高压钠灯工作蒸气压为 26.67kPa，光色为金黄色，色温为 2100K，显色指数为 R_a=30，故显色性较差，但发光效率比较高。

2.19　低压钠灯——显色性极差

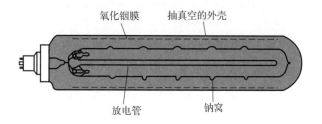

氧化铟膜　　抽真空的外壳

放电管　　钠窝

 点 / 亮 / 知 / 识

　　低压钠灯属于光效高的人造光源，其光效高达 200lm/W。低压钠灯的放电管由套料抗钠玻璃制成，弯成 U 形，外壳内抽成真空，内壁涂以氧化铟红外反射层。U 形放电管上每隔一定的距离有一个隆起的小窝，其作用是储藏钠。放电管中除充入高纯钠外，还充入氩－氖混合气体作为启动气体。低压钠灯的显色性极差。

2.20　筒灯的特点——内装修广泛应用

单色变光筒灯　　　　　　　　筒灯的结构

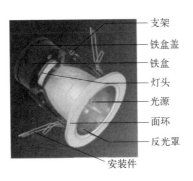

支架
铁盒盖
铁盒
灯头
光源
面环
反光罩
安装件

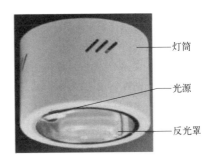

灯筒
光源
反光罩

三色变光筒灯

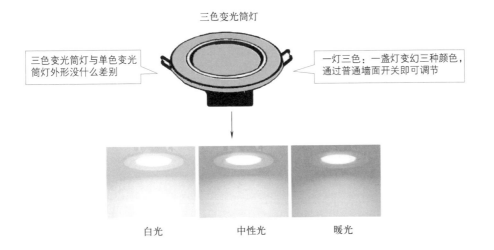

三色变光筒灯与单色变光
筒灯外形没什么差别

一灯三色：一盏灯变幻三种颜色，
通过普通墙面开关即可调节

白光　　　　　　中性光　　　　　　暖光

💡 **点 / 亮 / 知 / 识**

　　筒灯一般是有一个螺口灯头，可以直接装上白炽灯、节能灯的一种灯具。筒灯属于单个嵌入安装灯具，一般为散光照明，能够配节能灯光源。目前，许多筒灯为 LED 筒灯。筒灯一般均为固定向下照射方向，极少为可调方向。筒灯的组成部分有反光罩、接线盒、灯体支架、灯头、面盖、安装弹簧等。筒灯的特点如下。

　　① 紧凑型荧光灯筒灯：高效节能、寿命长，适合不同规格的筒灯。

　　② 插拔管筒灯：需要配套镇流器使用，主要是横插筒灯使用。

　　③ 卤素筒灯：显色性好，装饰照明用得较多。

　　④ 金卤筒灯：需配电器箱，寿命长、光效好、显色性好。

2.21 筒灯类型——多种类

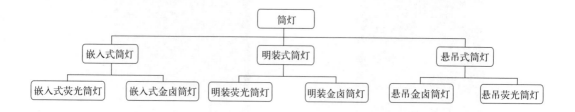

某全铝LED筒灯

功率：3W/5W/7W

光色：白光/中性光/暖光/彩光

灯体尺寸：面径9.8cm，高度3.2cm

开孔尺寸：6.5～9cm

适用场所：家装、商用、办公

功率	2.5in 3W/5W/7W	3in 7W	3.5in 9W	4in 12W	5in 15W/18W	6in 18W
色温	正白/暖白 三色变光	正白/暖白 三色变光	正白/暖白 三色变光	正白/暖白 三色变光	正白/暖白 三色变光	正白/暖白 三色变光
开孔	6.5～8cm	8～9cm	8.5～10cm	11～12cm	15～16cm	16～17cm
直径	10cm	11cm	12cm	14.5cm	17.5cm	19cm
高度	3.2cm	4.5cm	4.5cm	5cm	3.2cm	3.2cm

注：1in=2.54cm，下同。

 点/亮/知/识

筒灯的类型如下。

① 筒灯安装方式：嵌入、明装、吊线等。

② 筒灯尺寸：2in、2.5in、3in、3.5in、4in、5in、6in、8in、10in、12in 等。

③ 筒灯灯头：E27、PLC 等。

④ 筒灯反光罩：光面、喷砂等。

⑤ 筒灯反射器：镜面、砂面、防雾等。

⑥ 筒灯光线投射角度：单一投射角度、多角度调节投射角度等。

⑦ 筒灯光源：节能灯、插拔管、金卤光源等。

⑧ 筒灯结构：竖螺口筒灯、竖螺口防雾筒灯、横螺口筒灯、横螺口防雾筒灯、横插筒灯、横插防雾筒灯、明装筒灯等。

⑨ 筒灯可调节照明方向：方形筒灯、双头筒灯等。

⑩ 筒灯配光：散光、截光、偏光、聚光等。

⑪ 筒灯形状：方形、圆形等。

2.22 射灯的特点——重点照明

扫码看视频

射灯的特点

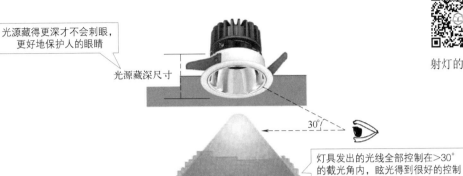

光源藏得更深才不会刺眼，更好地保护人的眼睛

光源藏深尺寸

30°

灯具发出的光线全部控制在>30°的截光角内，眩光得到很好的控制

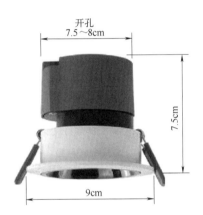

开孔
7.5～8cm

7.5cm

9cm

深防眩洗墙射灯

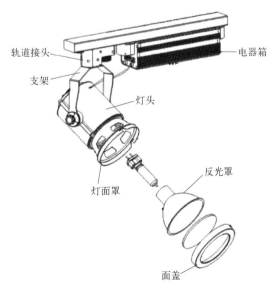

轨道接头

电器箱

支架

灯头

灯面罩

反光罩

面盖

大功率射灯

某款深防眩洗墙射灯可选光束角

15°
发光角度　　　　24°
发光角度　　　　38°
发光角度

光束角可根据照明需求选择
某款深防眩洗墙射灯可选色温

暖光3000K　　　暖白光3500K　　　中性光4000K　　　白光6000K

 点 / 亮 / 知 / 识

　　射灯的作用是为了重点表现某些局部空间或者突出某件物体，其所发出来的光线集中在一定区域内，使该区域得到充分的照明。射灯在无主灯照明中，可以做洗墙、照画、照物等应用，也可以做基础照明、重点照明等应用。无主灯照明中选择射灯，尽量选择"深杯体"的射灯。深杯体的射灯，具有光点更深一些、防眩目功能更好、视觉体验更舒适等特点。大功率射灯主要用于重点照明，广泛应用于时装店、零售店、商店、办公室、展示厅、艺术厅、博物馆、阅览室等。格栅射灯主要用于重点照明，广泛应用于时装店、零售店、博物馆、商店、办公室、展示厅、艺术厅、阅览室等。

2.23　射灯的种类——依据不同种类不同

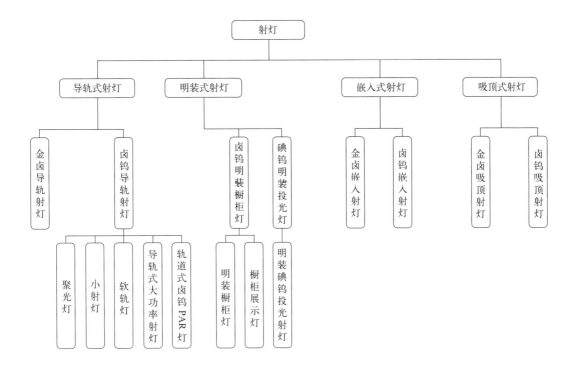

 点/亮/知/识

射灯的分类如下。

① 按光源分类：MR16、MR11、G4、G5、AR80、AR111 等。

② 按安装形式：吸顶式、轨道式、暗装射灯等。

③ 按灯头材质：铝合金、锌合金、玻璃等。

④ 按光源角度：10°、20°、30° 等。

⑤ 大功率射灯主要光源：AR111、AR80、G12 金卤光源、PAR30、CDM-R/PAR30 等。

⑥ 大功率射灯安装方式：吸顶式、轨道式、嵌入式、吊链式等。

⑦ 格栅射灯主要光源：MR16、AR111、AR80、G12 金卤光源、PAR30、CDM-R/PAR30 等。

⑧ 格栅射灯灯头种类：一头、两头、三头、四头长形、四头方形、单头圆形、单头方形等。

⑨ 格栅射灯安装方式：吸顶式、嵌入式、吊线式等。

2.24 射灯与筒灯的区别——定点照明 VS 扩散照明

射灯

筒灯

定点照明

扩散照明

扫码看视频

射灯

扫码看视频

筒灯

点/亮/知/识

　　射灯外形与筒灯类似，但是其反光罩折射效果更佳，光线更集中，可以重点突出或强调某物件或空间，装饰效果明显。射灯是室内重点照明的基本照明器。

2.25 轨道导轨灯——轨道上的灯

扫码看视频

轨道导轨灯

轨道灯是装在一根嵌有带电导线的轨道上的可移动式灯具

三线导轨与二线导轨类似，只是增加了一个地线

导轨按线数分三线导轨、四线导轨等。一般长度为1m、1.5m、2m等

轨道导轨灯具由导轨头、接线盒、连接杆、万向头、灯头等组成

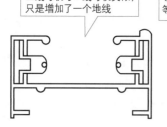

二线导轨

四线导轨

导轨灯具

点 / 亮 / 知 / 识

　　轨道导轨灯是指装在一根嵌有带电导线的轨道上的可移动式灯具。射灯的布灯间距需根据空间环境效果进行设置，常用间距为 1200 ～ 3000mm。轨道导轨灯具尺寸各异，有大有小。导轨（轨道）灯具具有光源多样、灯头灵活等特点。

2.26　灯带——带状的灯

扫码看视频

灯带

灯带可作为室内的环境照明器或装饰照明器

点 / 亮 / 知 / 识

　　灯带光色柔和，可营造良好的室内氛围。出于视觉效果的考虑，室内环境中灯带往往被隐藏。使用时，灯带需配合吊顶处理或隔墙处理。灯带可以分为不防水灯带、防水灯带、幻彩防水灯带、滴胶灯带等种类。按电压不同，灯带可以分为 DC 5V、DC 12V、DC 24V、AC 220V 等种类。常见灯带（1m 灯带中 LED 的数量）有 30 颗 LED、60 颗 LED、120 颗 LED、240 颗 LED 等种类。

2.27　室外灯——室外环境应用

户外草坪灯　　　庭院灯

点 / 亮 / 知 / 识

常见的室外灯有杆灯、路灯、庭院灯、组合灯、草坪灯、广场灯、地埋灯、LED 灯、泛光灯、景观灯、单臂灯、双臂灯、投光灯、礼花灯、太阳能路灯等。

① 草坪灯——竖立在草地中间的灯。

② 射灯——竖立在大树旁边，打出彩光照亮大树。

③ 地砖灯——点缀路面的灯。

2.28 LED 光源——特点、分类

LED球泡灯规格分类

额定光通量/lm	最大功率/W
150	3
250	4
500	8
800	13
1000	16

定向LED光源规格分类

名称	额定光通量/lm	最大功率/W
PAR16	250	5
	400	8
PAR20	400	8
	700	14
PAR30/PAR38	700	14
	1100	20

直管型LED光源规格分类

名称	额定光通量/lm	最大功率/W	标称长度/mm
T5管	600	8	550
	800	11	
	900	12	850
	1200	16	
	1300	18	1150
	1600	22	1150 / 1450
	2000	27	1450
T8管	800	11	600
	1000	13	
	1200	16	900
	1500	20	
	2000	27	1200 / 1500
	2500	34	1500

LED 灯具的分类

灯具类型	直接型灯具	半直接型灯具	漫射型灯具	半间接型灯具	间接型灯具
下射光输出比 DLOR/%	90 ≤ DLOR ≤ 100	60 ≤ DLOR < 90	40 ≤ DLOR < 60	10 ≤ DLOR < 40	0 ≤ DLOR < 10

点/亮/知/识

　　LED 光源分为非定向 LED 光源、定向 LED 光源。非定向 LED 光源分为 LED 球泡灯、直管型 LED 光源。根据形状，LED 灯具可分为筒灯、线形灯具、平面灯具、高天棚灯具。

　　LED 线形灯具是一种以 LED 作为光源，通常长度与截面最大尺寸之比大于 8 的长条形灯具。LED 平面灯具是一种以 LED 作为光源，通过扩散部件或反射部件形成发光面的灯具，包括控制装置、散热装置、光学元件及相关构件。LED 高天棚灯具是一种以 LED 作为光源，用于室内高大空间一般照明的灯具。

2.29 LED 直接型灯具——光束角、分类

直接型灯具的分类

光束角 θ/(°)	配光类型
$\theta < 80$	窄配光
$80 \leqslant \theta \leqslant 120$	中配光
$\theta > 120$	宽配光

 点/亮/知/识

　　LED 直接型灯具可以用于一般照明。根据光束角不同，可分为窄配光、中配光、宽配光等类型。

扫码看视频

LED 日光灯

2.30 LED 日光灯——特点、参数

LED 日光灯主要光参数

项　　目	参　　数
显色指数	$R_a \geqslant 70$
初始光效（不带面罩）	$\geqslant 90$lm/W
初始光通量	不低于额定值 90%
色温	冷白 RL（3300K ＜色温≤ 6500K），暖白 RN（色温≤ 3300K）
2000h 光通量维持率	$\geqslant 95\%$
5000h 光通量维持率	$\geqslant 90\%$

点 / 亮 / 知 / 识

　　LED 日光灯广泛应用于超市、商场、酒楼、展览厅、居室、会议室、工厂、博物馆、学校、医院等场所的照明装饰。LED 日光灯是以 LED 为光源，与传统日光灯在外形上一致的一种用于室内普通照明的组合式直管型照明灯具，它由 LED 模块、LED 驱动控制器、散热铝型材、罩壳、导热胶带、两个堵头等构成，可包括灯座、灯架。LED 常用灯管的长度有 0.6m、0.9m、1.2m、1.5m 等。LED 日光灯按颜色可分为：暖白 RN（色温 ≤ 3300K）、冷白 RL（3300K ＜色温 ≤ 6500K）。

2.31　日光灯槽——好灯配好槽

日光灯槽

点 / 亮 / 知 / 识

　　日光灯槽也称日光灯盆，常用于公共空间大面积平顶中，配合装配式吊顶规格，为室内环境照明的基本照明器。日光灯槽常见规格有 300mm×600mm、600mm×600mm、1200mm×300mm、1200mm×600mm 等。日光灯安装间距根据场所照度需求调整，常用间距为 1200 ～ 2400mm。

2.32　线性灯概述——作用、特点

扫码看视频　　扫码看视频

线性灯　　　见光不见灯场效

点/亮/知/识

　　线性灯是指外形上看起来好似一条直线的灯。线性灯一般是暗藏光源，是见光不见灯的照明，具有更显明亮的视觉感。线性灯沿着所在空间的轮廓排开，展现独特的几何或曲线造型，渲染出精致时尚的空间氛围，增加层次感。线性灯装饰感强、拉伸空间感好。线性灯光源是定向的，用于营造洗墙的效果非常出色。某款线性灯规格尺寸为：30mm×12mm×1000mm，即宽度为 30mm，高度为 12mm，长度为 1000mm。家居线性灯的设计与应用如下。

　　① 厨房吊柜下方设计安装线性灯带，可以均匀照亮整个台面，避免以前厨房的台面照明方式留下阴影的现象。

　　② 客厅中设计线性灯，线条呼应立面造型，可以减轻天花视觉重量。

　　③ 门套上设计线性灯，好似时光隧道，富有神秘感、深邃感。

　　④ 线性灯直接安装仕楼梯扶手上，均匀明亮，点亮空间，安全感满满。

　　⑤ 玄关、走廊内设计铝制灯槽 + 暖光灯带，可使地面的光线顺着狭长的玄关流动，指引着入户的动线。

　　⑥ 浴室镜上下或者四周设计装线性灯带，可以提供柔和、均匀、明亮的光，化妆方便，以及供台盆照明。

2.33 荧光灯直径与外形——T5、T8 等

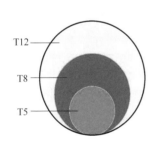

类型	图示
T12、T8、T5	
TLD	
TL5	
PL-L	
PL-S/PL-C/PL-T	
PLE-C/PLE-T	

2.34 LED 功率参考选择——依使用面积

LED 功率参考选择

参考使用面积	1m² 标准面积	1 ～ 10m²	10 ～ 15m²	15 ～ 20m²	20 ～ 30m²	30m² 以上
LED 灯功率	1 ～ 3W	3 ～ 15W	15 ～ 24W	24 ～ 40W	40 ～ 72W	72W 以上

2.35 灯带裁剪位置——看标志

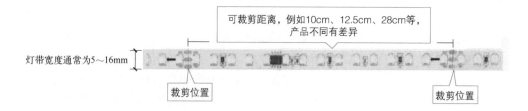

可裁剪距离，例如10cm、12.5cm、28cm等，产品不同有差异

灯带宽度通常为5~16mm

裁剪位置　　　裁剪位置

2.36 低压灯带颜色——多种色

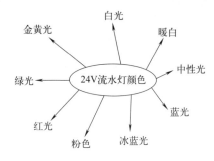

白光　金黄光　暖白　24V流水灯颜色　中性光　绿光　蓝光　红光　粉色　冰蓝光

2.37 天花灯类型——嵌入式等

遮光式天花灯　固定式天花灯　翻转式天花灯　防雾天花灯　直筒型天花灯

双圆可调式天花灯　可调式天花灯　反射型天花灯　光源隐藏式天花灯

天花灯的组成

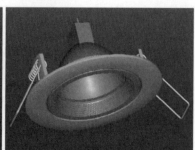

天花灯

天花灯的分类

按电压分类	高压、低压
按形状分类	椭圆形、圆形、方形、多边形等
按光源分类	MR11、MR16、G4、G5、Gu10 等
按主体材质加工工艺分类	压铸、冲压、注塑、车削、机压、旋压等
按照射光效分类	加装单色玻璃杯类（光色输出柔和，均一）、光源深陷类（聚光效果好，无眩光）、加装无棱锥天然水晶类（光线经水晶玻璃折射环环相映，华贵高雅）

点／亮／知／识

　　天花灯类属嵌入式射灯。天花灯是单个聚光射灯，嵌入天花安装，一般均可调整照射方向，个别为固定方向，尺寸一般较小。天花灯的组成：面圈、弹簧、遮光圈（或反射器）。天花灯必须配备与光源相对应的电子变压器，把市压转化为安全电压 12V 等。天花灯从光强曲线分布层面上来讲，它是属于轴对称灯具，主要采用热辐射的卤钨光源，其色温一般在 3500K 以内，给人以灿烂、希望、辉煌、财富等感觉。

　　MR11 天花灯：最大功率 35W，灯体较小，开孔尺寸相对也小，适合安装在空间较小的场所。

　　MR16 天花灯：最大功率 50W，灯体相对 MR11 天花灯大，能满足更大照度的用光要求的需要。

　　G4、G5 天花灯：直接在灯头上插灯珠，适合用于对光束角的准确性要求不高的场所。

2.38 格栅射灯类型——悬吊式等

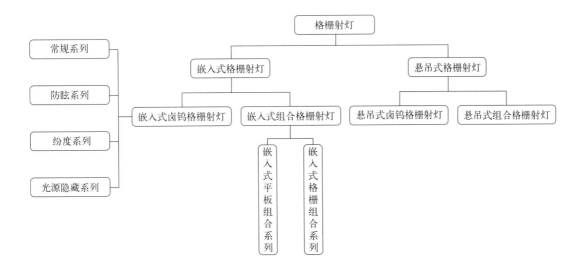

点 / 亮 / 知 / 识

格栅射灯光源组合灵活，调整方便，一般为嵌入安装。格栅射灯一般尺寸为 120mm 宽，长度各异。格栅射灯组成：外框、内圈、电器盒等。

2.39 商业照明常用灯具——射灯等

格栅射灯　　　　　　导轨射灯　　　　　　　嵌入式灯具

2.40 其他灯具——特点

山水画壁灯　　　　　　　　　音乐灯饰

点 / 亮 / 知 / 识

其他灯具如下。

① 直接型灯具——用途最广泛的一种灯具。

② 半直接型灯具——增强舒适的一种灯具。

③ 半间接型灯具——半部透光、半部漫射。

④ 间接型灯具——光线均匀柔和的一种灯具。

⑤ 音乐灯饰——带音乐的一种灯具。

⑥ 光导纤维灯——光色彩像纷飞的礼花。

⑦ 山水画壁灯——专供山水画照明的一种灯具。

⑧ 幻影灯——光效像幻影的一种灯具。

⑨ 太空灯——利用奇妙光学效应的一种灯具。

2.41　U 形铝合金线性灯槽的安装方式——吸顶明暗装等

吸顶明装　　　　吸顶暗装　　　　地埋式　　　　侧墙暗装　　　侧墙明装　　　转角(阴角)

U形铝合金线性灯槽安装方式

2.42　U 形铝合金线性灯槽规格——多种类型

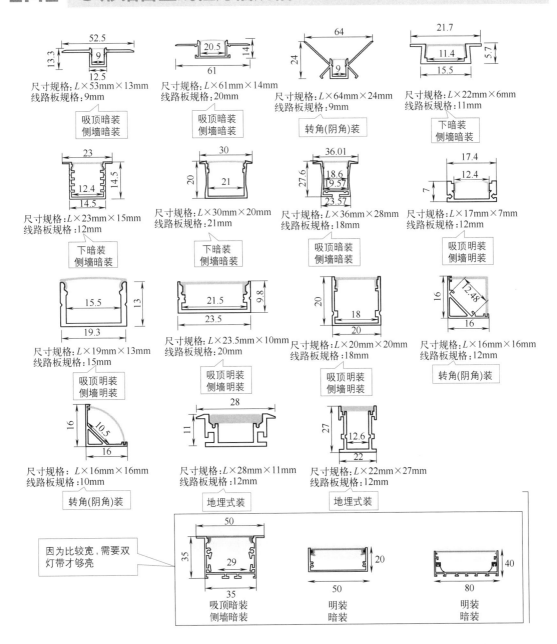

尺寸规格：$L \times 53mm \times 13mm$
线路板规格：9mm
吸顶暗装
侧墙暗装

尺寸规格：$L \times 61mm \times 14mm$
线路板规格：20mm
吸顶暗装
侧墙暗装

尺寸规格：$L \times 64mm \times 24mm$
线路板规格：9mm
转角(阴角)装

尺寸规格：$L \times 22mm \times 6mm$
线路板规格：11mm
下暗装
侧墙暗装

尺寸规格：$L \times 23mm \times 15mm$
线路板规格：12mm
下暗装
侧墙暗装

尺寸规格：$L \times 30mm \times 20mm$
线路板规格：21mm
下暗装
侧墙暗装

尺寸规格：$L \times 36mm \times 28mm$
线路板规格：18mm
吸顶暗装
侧墙暗装

尺寸规格：$L \times 17mm \times 7mm$
线路板规格：12mm
吸顶明装
侧墙明装

尺寸规格：$L \times 19mm \times 13mm$
线路板规格：15mm
吸顶明装
侧墙明装

尺寸规格：$L \times 23.5mm \times 10mm$
线路板规格：20mm
吸顶明装
侧墙明装

尺寸规格：$L \times 20mm \times 20mm$
线路板规格：18mm
吸顶明装
侧墙明装

尺寸规格：$L \times 16mm \times 16mm$
线路板规格：12mm
转角(阴角)装

尺寸规格：$L \times 16mm \times 16mm$
线路板规格：10mm
转角(阴角)装

尺寸规格：$L \times 28mm \times 11mm$
线路板规格：12mm
地埋式装

尺寸规格：$L \times 22mm \times 27mm$
线路板规格：12mm
地埋式装

因为比较宽，需要双灯带才够亮

吸顶暗装
侧墙暗装

明装
暗装

明装
暗装

点/亮/知/识

　　对于U形铝合金线性灯槽，有的不能够地埋安装，有的由于比较宽，选择后需要采用双灯带才够亮。U形铝合金线性灯槽规格多，有的需要预装。

2.43 嵌入式 LED 灯带的安装——带背胶的易安装

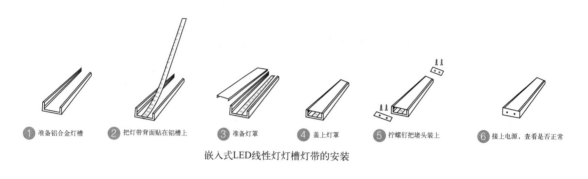

① 准备铝合金灯槽　② 把灯带背面贴在铝槽上　③ 准备灯罩　④ 盖上灯罩　⑤ 拧螺钉把堵头装上　⑥ 接上电源，查看是否正常

嵌入式LED线性灯灯槽灯带的安装

点/亮/知/识

　　灯槽不同，安装可能存在差异。背贴安装是灯带常见的安装方式。

2.44 灯带铝槽的安装——懂设计懂安装

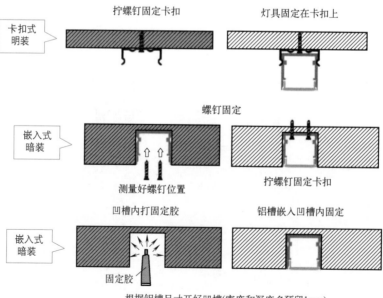

卡扣式明装：拧螺钉固定卡扣　　灯具固定在卡扣上

嵌入式暗装：测量好螺钉位置　　螺钉固定　拧螺钉固定卡扣

嵌入式暗装：凹槽内打固定胶　固定胶　　铝槽嵌入凹槽内固定

根据铝槽尺寸开好凹槽(宽度和深度多预留1mm)

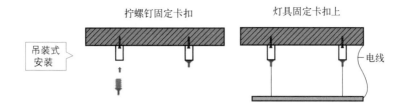

2.45 LED 铝合金灯槽——颜色、型号

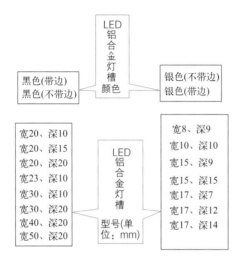

2.46 预埋嵌入批灰 LED 线性灯铝槽——款式、型号

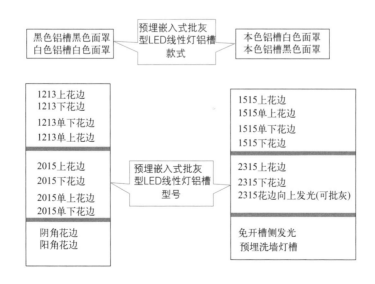

2.47 线条灯 90° 转角处灯带处理——钻个孔插入小段

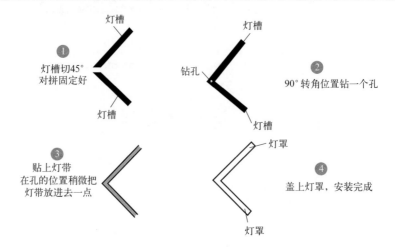

① 灯槽切45°
对拼固定好

灯槽

灯槽

② 90° 转角位置钻一个孔

灯槽

钻孔

灯槽

③ 贴上灯带
在孔的位置稍微把
灯带放进去一点

④ 盖上灯罩，安装完成

灯罩

灯罩

2.48 LED 追光流水灯带的安装——依场景选择

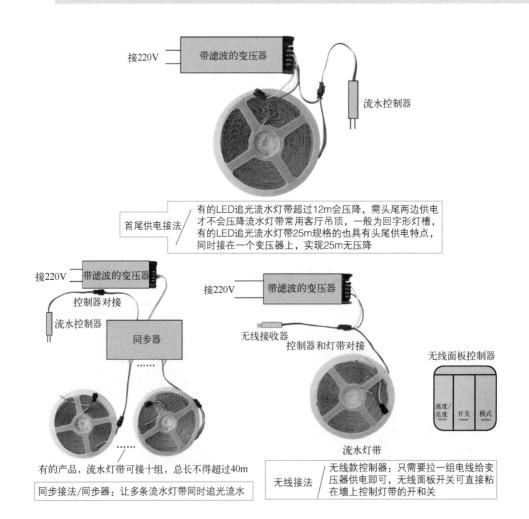

接220V 带滤波的变压器

流水控制器

首尾供电接法

有的LED追光流水灯带超过12m会压降，需头尾两边供电
才不会压降流水灯带常用客厅吊顶，一般为回字形灯槽，
有的LED追光流水灯带25m规格的也具有头尾供电特点，
同时接在一个变压器上，实现25m无压降

接220V 带滤波的变压器

控制器对接

流水控制器

同步器

......

接220V 带滤波的变压器

无线接收器

控制器和灯带对接

无线面板控制器

速度/亮度 开关 模式

流水灯带

有的产品，流水灯带可接十组，总长不得超过40m

同步接法/同步器：让多条流水灯带同时追光流水

无线接法

无线款控制器：只需要拉一组电线给变
压器供电即可，无线面板开关可直接粘
在墙上控制灯带的开和关

2.49　磁吸轨道灯安装法——"嵌入明吊"

扫码看视频

磁吸轨道
灯安装法

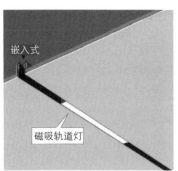

嵌入式

磁吸轨道灯

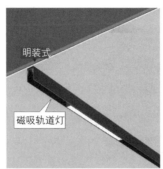

明装式

磁吸轨道灯

吊装式

磁吸轨道灯

天花开孔：38mm
铜线条数：4线磁吸轨道
电压：48V

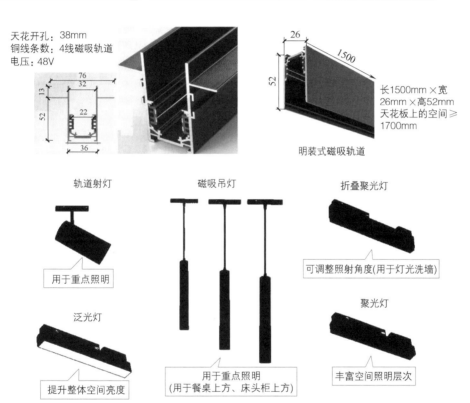

76
32
13
22
52
36

26
1500
52

长1500mm×宽
26mm×高52mm
天花板上的空间≥
1700mm

明装式磁吸轨道

轨道射灯

用于重点照明

泛光灯

提升整体空间亮度

磁吸吊灯

用于重点照明
(用于餐桌上方、床头柜上方)

折叠聚光灯

可调整照射角度(用于灯光洗墙)

聚光灯

丰富空间照明层次

2.50　灯具选择技法——规格、质地、风格

灯具光源的选择
• 按照明要求选择光源
• 按环境条件选择光源
• 按经济合理性选择光源

点/亮/知/识

灯具的选择要与整个环境的风格相协调。灯具的规格大小尺度与环境的空间要相配并有助于空间层次的变化。灯具的质地要有助于增加环境艺术气氛。使用环境选择灯具：

① 潮湿环境——防水式灯具；

② 腐蚀性气体——密闭防爆灯具；

③ 特别潮湿环境——防水防尘式灯具；

④ 特殊场所——专用灯具；

⑤ 振动场所——防振灯具；

⑥ 正常环境——开启式灯具。

2.51 照明光源的选择——采用和不采用

照明光源的选择

应采用
- 照明设计应根据识别颜色要求和场所特点，选用相应显色指数的光源
- 应急照明应选用能快速点亮的光源
- 灯具安装高度较高的场所，应采用金属卤化物灯、高压钠灯或高频大功率细管直管型荧光灯
- 灯具安装高度较低的房间宜采用细管直管型三基色荧光灯
- 商店营业厅的重点照明宜采用小功率陶瓷金属卤化物灯、发光二极管灯
- 商店营业厅的一般照明宜采用细管直管型三基色荧光灯、小功率陶瓷金属卤化物灯
- 旅馆建筑的各房宜采用发光二极管灯或紧凑型荧光灯

不应采用 ——▶ 照明设计不应采用普通照明白炽灯，对电磁干扰有严格要求且其他光源无法满足的特殊场所除外

 点/亮/知/识

灯具选用的原则如下。

① 灯具外形应与建筑物相协调。

② 光学特性。

③ 经济性。

④ 满足特殊的环境条件。

2.52 电光源的技术指标——电压电流等

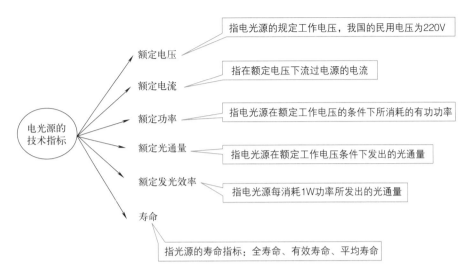

电光源的技术指标

- 额定电压 —— 指电光源的规定工作电压，我国的民用电压为220V
- 额定电流 —— 指在额定电压下流过电源的电流
- 额定功率 —— 指电光源在额定工作电压的条件下所消耗的有功功率
- 额定光通量 —— 指电光源在额定工作电压条件下发出的光通量
- 额定发光效率 —— 指电光源每消耗1W功率所发出的光通量
- 寿命 —— 指光源的寿命指标：全寿命、有效寿命、平均寿命

 点/亮/知/识

电光源的技术指标：额定电压、额定电流、额定功率、额定光通量、额定发光效率、寿命等。

2.53 各种光源的使用——依场所考虑

各种光源的推荐使用场所

使用场合	要求光源的特性		钨丝白炽灯	卤钨白炽灯	荧光高压汞灯		金属卤化物灯		高压钠灯			低压钠灯	荧光灯			
	光输出/klm	显色性 R_a			透明型	一般型	标准型	显色好	标准型	改进型	高显色		标准型	高显色	三基色	紧凑型
家用照明	<3	60~98	好	—	—	—	—	—	—	—	—	—	√	—	好	好
办公、学术照明	3~10	40~90	—	—	—	√	√	√	√	—	—	好	—	好	√
商店照明（普通）	>3	30~90	√	√	—	—	好	—	—	好	—	√	好	好	√
商店照明（橱窗）	<3	80~98	好	好	—	—	—	√	—	好	—	—	√	好	—
餐厅和旅馆	<10	80~98	好	好	—	—	—	√	—	好	—	√	√	—	—
音乐厅	<10	80~98	√	好	—	—	—	—	—	—	—	√	√	好	好
医院照明（普通）	<10	60~90	√	√	—	—	—	—	—	—	—	√	—	好	—

续表

使用场合	要求光源的特性		钨丝白炽灯	卤钨白炽灯	荧光高压汞灯		金属卤化物灯		高压钠灯			低压钠灯	荧光灯			
	光输出/klm	显色性 R_a			透明型	一般型	标准型	显色好	标准型	改进型	高显色		标准型	高显色	三基色	紧凑型
医院照明（检验）	<10	80~98	好	√	—	—	—	—	—	—	—	—	—	好	—	—
工业照明（高天花）	>10	<60	—	—	—	√	√	—	√	√	—	—	√	—	—	—
工业照明（低天花）	3~10	40~80	—	—	—	√	—	—	√	好	—	—	好	—	—	—
体育场照明（室外）	>3	<60	—	—	—	√	好	好	好	—	—	—	—	—	—	—
体育场照明（室内）	3~10	40~60	—	√	—	—	好	好	好	—	—	—	√	—	—	—
剧场和电视照明	<10	80~90	好	√	—	—	—	—	—	—	—	—	—	—	好	√
电影照明	>3	60~98	—	好	—	—	√	√	—	—	—	—	—	—	—	—
公园和广场住宅区	>3	<80	—	—	—	√	好	—	好	√	—	—	—	—	—	—
住宅区和休息区	<3	<60	√	—	—	√	—	—	好	—	—	—	√	√	—	√
港口、船坞、码头	>3	—	—	√	√	—	√	—	好	—	—	—	—	—	—	—
汽车道路照明	>3	—	—	—	—	—	—	—	好	—	—	好	—	—	—	—
普通道路照明	<6	—	—	—	—	√	—	—	好	—	—	好	—	—	—	—
街道照明	<6	—	—	—	—	√	√	—	好	—	—	√	√	—	—	—

注："好"表示选用该光源比较理想；"√"表示可以选用该光源；"—"表示一般不选用该光源。

2.54 灯具配光图——光束比

灯具配光图

项目	直接式照明	半直接式照明	全面扩散式照明	直接、间接式照明	半间接式照明	间接式照明
垂直面配光曲线图						
光束比 上	0~10%	10%~40%	40%~60%	40%~60%	60%~90%	90%~100%
光束比 下	90%~100%	60%~90%	40%~60%	40%~60%	10%~40%	0~10%

2.55　灯具效率与效能要求——依灯类型查

灯具出光口形式	开敞式	保护罩(玻璃或塑料)		格栅
		透明	棱镜	
灯具效率/%	75	70	55	65

直管型荧光灯灯具的效率

注：直管形荧光灯灯具的效率不应低于表中的规定。

灯具出光口形式	开敞式	保护罩	格栅
灯具效率/%	55	50	45

紧凑型荧光灯筒灯灯具的效率

注：紧凑型荧光灯筒灯灯具的效率不应低于表中的规定。

灯具出光口形式	开敞式	保护罩	格栅
灯具效率/%	60	55	50

小功率金属卤化物灯筒灯灯具的效率

注：小功率金属卤化物灯筒灯灯具的效率不应低于表中的规定。

灯具出光口形式	开敞式	格栅或透光罩
灯具效率/%	75	60

高强度气体放电灯灯具的效率

注：高强度气体放电灯灯具的效率不应低于表中的规定。

色温/K	2700		3000		4000	
灯具出光口形式	格栅	保护罩	格栅	保护罩	格栅	保护罩
灯具效能/(lm/W)	55	60	60	65	65	70

发光二极管筒灯灯具的效能

注：发光二极管筒灯灯具的效能不应低于表中的规定。

色温/K	2700		3000		4000	
灯盘出光口形式	反射式	直射式	反射式	直射式	反射式	直射式
灯盘效能/(lm/W)	60	65	65	70	70	75

发光二极管平面灯灯具的效能

注：发光二极管平面灯灯具的效能不应低于表中的规定。

点/亮/知/识

在满足眩光限制与配光要求的条件下，应选用效率与效能高的灯具，并且符合灯具效率与效能的要求。

2.56　射灯洗墙效果设计手法——"叠加距离交叉"

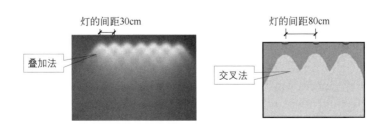

灯的间距30cm

叠加法

灯的间距80cm

交叉法

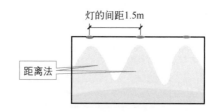

灯的间距1.5m

距离法

2.57 房间面积与LED灯功率——参考速查

房间面积与LED灯功率

房间面积 /m²	LED灯的功率 /W	房间面积 /m²	LED灯的功率 /W	房间面积 /m²	LED灯的功率 /W	房间面积 /m²	LED灯的功率 /W	房间面积 /m²	LED灯的功率 /W	房间面积 /m²	LED灯的功率 /W
20～30	60～80	5～10	13～25	3～5	8～13	5～10	25～50	5～10	13～25	3～5	8～13
30～40	100～150	10～15	25～38	5～10	13～25	10～15	50～75	10～15	25～38	5～10	13～25
40～50	220～280	15～20	38～50	10～15	25～38	15～20	75～100	15～20	38～50		
50～70	300～350	>20	>50			>20	>100	>20	>50		
客厅		卧室		厨房		老人房		儿童房		阳台	

2.58 房间照度要求——设计应用参考

房间照度要求

场所	参考平面及高度	国际照度标准值 /lx	显色指数（R_a）	色温 /K
客厅	0.75m 水平面	100～300	90	2700～4000
卧室	0.75m 水平面	75～150	90	2700～3000
书房	台面	300	90	4000
餐厅	0.75m 餐桌面	150	90	2700～4000
厨房	0.75m 水平面	100～150	90	4000
卫生间	0.75m 水平面	100	90	30000～4000

2.59 照明灯具显色指数——常用参考值

常用照明灯具的显色指数

灯具类型	显色指数（R_a）
白炽灯	97
卤钨灯	95～99
白色荧光灯	55～85
日光色灯	75～94
高压汞灯	20～30
高压钠灯	20～25
氙灯	90～94

点/亮/知/识

R_a 最大值为 100，80 以上为显色性优良。50 ～ 79 为显色性一般；50 以下为显色性差。

2.60　光源光效——灯具光效

光源光效

光源	光效 /（lm/W）	光源	光效 /（lm/W）
低压钠灯	180 ～ 200	节能灯	70 ～ 95
高压钠灯	100 ～ 150	汞灯	50 ～ 60
金卤灯	80 ～ 110	卤钨灯	20 ～ 25
荧光灯	70 ～ 90	白炽灯	10 ～ 15

2.61　灯具防护等级分类——**防水防尘等**

灯具防护等级分类（一）

第一位数字	说　　明	含　　义
0	没有防护	对外界的人或物没有特殊的防护
1	防止大于 50mm 的固体异物侵入	防止人体某一部分如手掌因意外而接触到灯具内部的零部件；防止较大尺寸（直径大于 50mm）外物的侵入
2	防止大于 12mm 的固体异物侵入	防止人的手指或类似物接触到灯具内部的零部件；防止中等尺寸（直径大于 12mm，长度不超过 80mm）外物的侵入
3	防止大于 2.5mm 的固体异物侵入	防止直径或厚度大于 2.5mm 的工具，如电线或类似的细小外物侵入而接触到灯具内部的零部件
4	防止大于 1mm 的固体异物侵入	防止直径或厚度大于 1mm 的工具，如线材或类似的细小外物侵入而接触到灯具内部的零部件
5	防尘	完全防止外物浸入。虽不能完全防止灰尘进入，但侵入的灰尘的量不会影响设备的正常工作
6	尘密	完全防止外物侵入，且可完全防止灰尘进入

灯具防护等级分类（二）

第二位数字	说　明	含　义
0	没有防护	没有特别的防护
1	防止滴水侵入	垂直滴下的水滴对灯具不会造成有害的影响
2	15°防滴	当灯具从正常位置倾斜 15°以内时，垂直水滴对灯具不会造成有害的影响
3	防淋水	防雨，或防止与垂直夹角小于 60°方向所喷洒的水进入灯具造成损坏
4	防溅水	防止任何方向飞溅而来的水进入灯具造成损坏
5	防喷水	防止任何方向上喷射出的水进入灯具造成损坏
6	防猛烈海浪	经猛烈海浪的侵袭，进入外壳的水量不至于达到有害程度
7	防浸水	灯具浸在水中一定时间，水压在一定的标准下，能确保不因进水而造成损坏
8	防潜水	能按制造厂家的规定的要求下长期潜水

 点 / 亮 / 知 / 识

一般室内家居灯具至少要设计到 IP 等级为 IP20，室外灯具至少要设计到 IP 等级为 IP54。

IP00：基本灯具，用最少量零件做成的灯具。

IP01、IP02：下口开启的敞开式灯具（灯座部分不进水）。

IP20：普通灯具，没有特殊防尘和防潮保护形式的灯具。

IP11、IP12、IP21、IP22：下口有格片或遮网的敞开式灯具（灯座部分不进水）。

IP32、IP33、IP34：门灯。

IP33、IP43：灯具的电气部分（装镇流器、触发器、电容器处）的要求。

IP54：灯具光学腔要求（道路灯具）。

IP55：投光灯、机场灯、庭院灯等。

IP56：隧道灯等。

IP56、IP66：N 型防爆灯、船用甲板灯等。

IP67：喷水池灯、浅水（人工瀑布等）照明灯等。

IP68：水下工作照明灯等。

2.62　灯具按防触电等级分类——"0、Ⅰ、Ⅱ、Ⅲ"

Ⅱ类灯具表示符号

Ⅲ类灯具表示符号

灯具等级	灯具主要性能	应用说明
0 类	保护依赖于基本绝缘 在易触及的部分及外壳和带电体间绝缘	适合安全程度高的场合，且灯具安装、维护方便，如空气干燥、尘埃少，如木地板灯条件下的吊灯、吸顶灯
Ⅰ类	除基本绝缘外，易触及的部分及外壳有接地装置，一旦基本绝缘失效时，不致有危险	用于金属外壳灯具，如投光灯、路灯、庭院灯等
Ⅱ类	除基本绝缘外，还有补充绝缘，做成双重绝缘或加强绝缘，提高安全	绝缘性好，安全程度高，适合于环境差、人经常触摸的灯具，如台灯、手提灯等
Ⅲ类	采用特低安全电压（交流有效值小于50V），且灯内不会产生高于此值的电压	灯具安全程度最高，用于恶劣环境，如机床工作灯、儿童用灯等

2.63　光源、灯具表面常见标识——安全、保护等

表示安全隔离标志

表示双重绝缘　二类触电保护

表示短路保护

表示离被照物最小距离

表示外壳任何部位最高温度不超过130℃

表示灯具适于安装在普通可燃材料表面

表示室内使用

表示安全特低电压

表示可置于普通可燃材料表面安装使用(用于电子变压器)

表示灯具适于安装在普通可燃材料表面，而且隔热材料可能覆盖灯具

第 ③ 章 ▶▶
光环境照明概述

3.1 光的特性——颜色、温度等

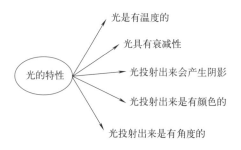

光的特性
- 光是有温度的
- 光具有衰减性
- 光投射出来会产生阴影
- 光投射出来是有颜色的
- 光投射出来是有角度的

3.2 自然采光的优点——接近自然

室内对自然光的利用，称为"采光"。自然采光，可以节约能源，并且视觉上更为习惯、舒适，心理上更能与自然接近、协调。光与构件充分结合，使空间层次得到有力的表现

室内

3.3　自然采光的方式——侧面、顶部采光

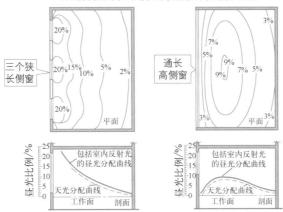

采光面积相同的侧窗和高侧窗室内照度的比较

点/亮/知/识

　　根据光来源方向、采光口所处的位置不同，自然采光分为侧面采光、顶部采光等形式。侧面采光有单侧、双侧、多侧之分。根据采光口高度位置不同，侧面采光可分为高、中、低侧光。侧面采光可选择良好的朝向、室外景观，光线有明显的方向性。侧面采光只能保证有限进深的采光要求，更深处则需要人工照明来补充。采光口提高到 2m 以上，称为高侧窗。顶部采光是自然采光利用的基本形式，光线自上而下。顶部采光具有照度分布均匀、光色较自然、亮度高等特点。但是，如果上部有障碍物时，照度会急剧下降。顶部采光常用于大型车间、厂房等。

3.4　人工照明考虑的因素——安全、心理等

人工照明也就是"灯光照明"或"室内照明"，其是夜间的主要光源，也是白天室内光线不足时的重要补充

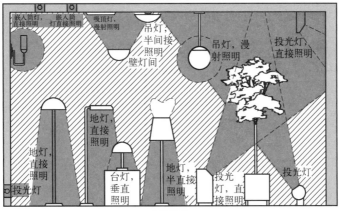

人工照明

点 / 亮 / 知 / 识

　　人工照明具有功能、装饰等作用，它们是相辅相成的，根据建筑功能不同，其比重各不相同。学校、工厂等工作场所需从功能来考虑。娱乐场所、休息场所，强调艺术效果。利用人工照明进行室内照明设计时，需要考虑的因素：光照环境质量因素、安全因素、室内心理因素、经济管理因素等。

3.5 　直接照明——90% ~ 100% 光通量到达

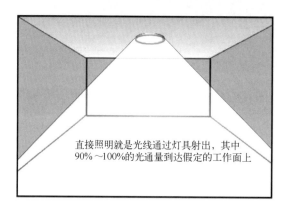

直接照明就是光线通过灯具射出，其中
90%～100%的光通量到达假定的工作面上

点 / 亮 / 知 / 识

　　根据光通量的空间分布状况，照明方式可分为五种：直接照明、半直接照明、间接照明、半间接照明、漫射照明方式。其中，直接照明的光线通过灯具射出，其中90% ~ 100% 的光通量到达假定的工作面上。这种照明方式具有强烈的明暗对比，并且能造成有趣生动的光影效果，可突出工作面在整个环境中的主导地位。但是由于亮度较高，应防止眩光的产生。

3.6 　半直接照明——60% ~ 90% 光通量到达

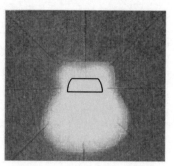

60%～90%的光通量到达工作面

点/亮/知/识

　　半直接照明方式是指半透明材料制成的灯罩罩住灯泡上部，60% ~ 90% 以上的光线使其集中射向工作面，10% ~ 40% 的被罩光线又经半透明灯罩扩散而向上漫射，其光线比较柔和。半直接照明灯具常用于较低的房间的一般照明。 由于漫射光线能照亮平顶，视觉上可使房间顶部高度增加，因而能产生较高的空间感。

3.7　间接照明——10% 以下光通量到达

间接照明方式就是将光源遮蔽而产生的间接光的照明方式

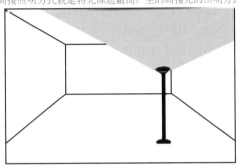

点/亮/知/识

　　间接照明是指将光源遮蔽而产生的间接光的照明方式，其中 90% ~ 100% 的光通量通过天棚或墙面反射作用在工作面，10% 以下的光线则直接照射工作面。

3.8　半间接照明——与半直接照明相反

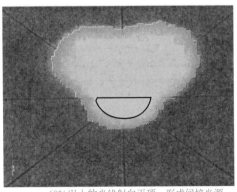

60%以上的光线射向平顶，形成间接光源，
10%~40%的光线经灯罩向下扩散

点 / 亮 / 知 / 识

　　半间接照明方式与半直接照明相反，它是把半透明的灯罩装在灯泡下部，60% 以上的光线射向平顶，形成间接光源；10% ~ 40% 的光线经灯罩向下扩散。半间接照明方式能够产生比较特殊的照明效果，使较低矮的房间有增高的感觉。半间接照明方式也适用于住宅中的小空间部分。学习的环境中采用半间接照明方式最为相宜。

3.9　漫射照明方式——光线四周扩散漫散

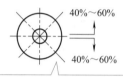

漫射照明装置，对所有方向的照明几乎都一样，为了控制眩光，漫射装置的圈要大，灯的功率要低

 点 / 亮 / 知 / 识

　　漫射照明是指利用灯具的折射功能来控制眩光，将光线向四周扩散漫散。漫射照明大体上有两种形式：①用半透明灯罩把光线全部封闭而产生漫射；②光线从灯罩上口射出经平顶反射，两侧从半透明灯罩扩散，下部从格栅扩散。漫射照明方式光线柔和，视觉舒适，适于卧室。

3.10　基础照明——整体照明

扫码看视频

基础照明

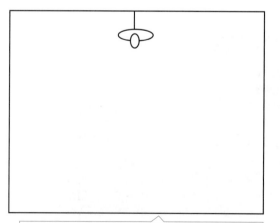

基础照明又称整体照明。基础照明与重点照明的亮度有适当的比例，能够使室内形成一种格调

点 / 亮 / 知 / 识

照明布局形式分为基础照明、重点照明、装饰照明。

① 基础照明：大空间内全面的基本照明，是最基本的照明方式。

② 重点照明：对主要场所、对象进行重点投光，以突出主体的照明方式。

③ 装饰照明：对室内进行装饰，增加空间层次，制造环境气氛，不兼做基本照明或重点照明的照明方式。

整体照明光线分布比较均匀，能够使空间显得明亮、宽敞。整体照明可用于学校、工厂、吧台厅、办公室等场所。

扫码看视频

重点照明

3.11 重点照明——主要与重点投光

重点照明与整体照明相比，整体照明是整个居室空间的全面基本照明，而重点照明更有明确的目的性

工作照明

重点照明能够给房间增加戏剧化效果，营造兴奋点

重点照明

弱重点照明　　中重点照明　　强重点照明

点 / 亮 / 知 / 识

重点照明又称局部照明。重点照明是指对主要场所和对象进行的重点投光。例如：商店商品陈设架、橱窗的照明，在于增强顾客对商品的吸引、注意力。一般使用强光来加强商品表面的光泽，强调商品的形象。重点照明能够为工作面或被照物体提供更为集中的光线，并且能够形成有特点的气氛、意境。重点照明是强调特定的目标而采用的定向照明方式，多用于某点或者面积很小的面的照明。

重点照明宜在下列情况下采用。

① 局部需要较高的照度。

② 视觉功能降低的人需要较高的照度。

③ 为加强某方向光照以增强质感时。

④ 需要减少工作区的反射眩光。

⑤ 由于遮挡面使一般照明射不到的某些范围。

重点照明可以应用于卖场橱窗、餐厅灯、一般照明照射不到的地方等。

3.12 装饰照明——营造气氛

扫码看视频

装饰照明

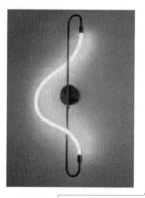 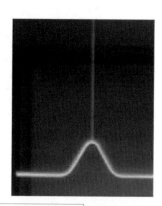

装饰照明又称气氛照明。其是为了对室内进行装饰，增加空间层次，营造环境气氛

点 / 亮 / 知 / 识

装饰照明一般使用装饰壁灯、吊灯、挂灯等图案形式统一的系列灯具。装饰照明只能是以装饰为目的独立照明，不兼作基本照明或重点照明。装饰照明可根据居室中各部分的特点创造出或华贵、或现代、或质朴、或幽雅、或奔放、或明快等的个性空间。

3.13 混合照明——多照明

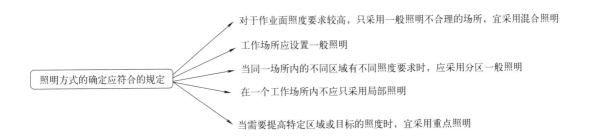

照明方式的确定应符合的规定
- 对于作业面照度要求较高，只采用一般照明不合理的场所，宜采用混合照明
- 工作场所应设置一般照明
- 当同一场所内的不同区域有不同照度要求时，应采用分区一般照明
- 在一个工作场所内不应只采用局部照明
- 当需要提高特定区域或目标的照度时，宜采用重点照明

点 / 亮 / 知 / 识

　　混合照明是指在整体照明的基础上，视不同需要，加上局部照明与装饰照明。混合照明既能使整个室内环境有一定的亮度，又能满足工作面上的照度标准需要。混合照明是目前室内中应用最为普遍的一种照明方式。混合照明方式比较经济，是卖场最常用的方式。

3.14 一般照明——平时的照明

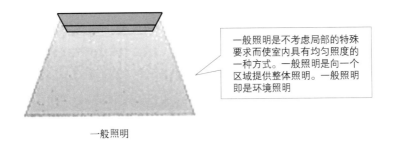

一般照明是不考虑局部的特殊要求而使室内具有均匀照度的一种方式。一般照明是向一个区域提供整体照明。一般照明即是环境照明

一般照明

点 / 亮 / 知 / 识

　　一般照明应提供一个舒适的亮度，需要确保行走的安全性，保证看清物体。一般照明要均匀分布。如果工作位置密度大，则照明区域不要过大，否则会易造成浪费。一般照明常用于营业厅、会议室等场景。

3.15 分区一般照明——照明针对性

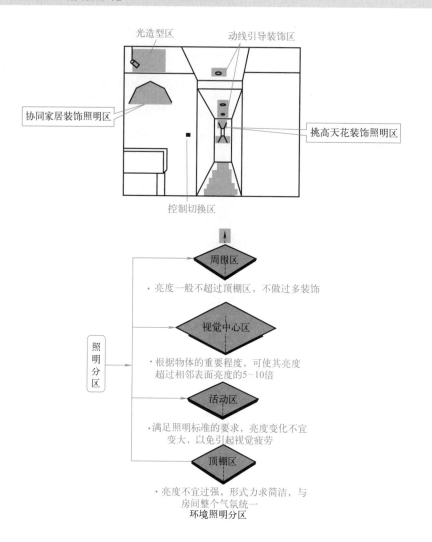

环境照明分区

 点/亮/知/识

高于一般照明照度的区域，灯具应集中布置。例如以工作重点为对象、根据区域布置，如休息区照明、工作区照明等。照明设计的要素如下。

① 灯具布置（点＋线＋面＋体；高＋低；固定＋移动；正常＋紧急）。

② 灯具选择（简朴＋繁杂；可调＋不可调；防护级别与类型）。

③ 光源选择（冷＋暖；亮＋暗；高显色＋低显色）。

④ 眩光控制（直接眩光＋反射眩光）。

⑤ 照度标准（高照度＋低照度）。

⑥ 照明方式（人工＋自然；直接＋间接；动＋静）。

⑦ 照明分区（一般＋重点＋混合）。

3.16 任务照明——**照明的任务性**

任务照明就是帮助完成
特殊任务的照明

任务照明

 点 / 亮 / 知 / 识

应用任务照明，要注意避免产生眩光、阴影，并且注意要有足够亮度来避免视觉疲劳。

3.17 照明种类的确定——**需要应用**

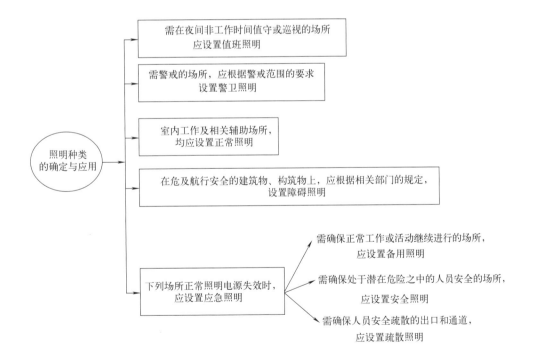

照明种类
的确定与应用

需在夜间非工作时间值守或巡视的场所
应设置值班照明

需警戒的场所，应根据警戒范围的要求
设置警卫照明

室内工作及相关辅助场所，
均应设置正常照明

在危及航行安全的建筑物、构筑物上，应根据相关部门的规定，
设置障碍照明

下列场所正常照明电源失效时，
应设置应急照明

需确保正常工作或活动继续进行的场所，
应设置备用照明

需确保处于潜在危险之中的人员安全的场所，
应设置安全照明

需确保人员安全疏散的出口和通道，
应设置疏散照明

点/亮/知/识

　　照明种类的确定，就是确定正常照明、安全照明、值班照明、警卫照明、障碍照明、疏散照明、备用照明等。照明其他种类如下。

　　① 定向照明——照明方向性。其是从清楚的方向且显著入射到工作面或者目标。博物馆、展览馆、珠宝卖场等场所应用。

　　② 安全、应急照明——照明特殊性。其是在正常和紧急情况下都能提供照明的照明设备、照明灯具。安全指示灯、红绿灯、应急灯等照明就属于安全、应急照明。

　　③ 泛光照明——照明广泛性。泛光照明与重点照明相对，其不针对某一目标。泛光照明与一般照明比，其更广泛用于环境、背景等场所。

　　④ 景观照明——照明的专用性。景观照明，主要为室内外建筑物、造景、植物等提供观赏性服务照明。

3.18 照明功能的演变——动态新要求

　　照明功能的演变
- 照明 —— 基本功能
- 装饰 —— 娱悦视觉
- 舒适 —— 轻松愉快
- 动态 —— 新鲜变化

室内照明设计的基本原则 —— 安全性、实用性、艺术性

点/亮/知/识

　　室内照明的作用：改善空间、光影艺术、渲染气氛、布置艺术、灯造型艺术等。

3.19 照明质量——照明的要求性

高质量的照明效果是获得良好、舒适光环境的根本 →设计应用好→ 照明环境中的左右高质量照明效果的关键因素 照度、亮度、眩光、阴影、显色性等

3.20　光方向与影深——光源不同特点不同

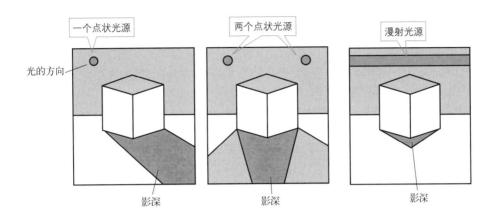

点/亮/知/识

　　在工作物件或其附近出现阴影，会造成视觉的错觉现象，增加视觉负担，影响工作效率，在设计中应予以避免。

3.21　室内环境光构图技法——层次等

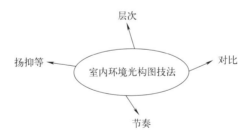

点/亮/知/识

　　运用层次、对比、节奏、扬抑等技法对光进行构图，力求赋予光以均衡、稳定的秩序，达到室内环境的美观与视觉舒适性。如果室内环境光构图处理不当，则可能会导致光环境的乏味、呆板、杂乱无序，破坏室内空间或者统一协调性。

3.22 相对光通量比

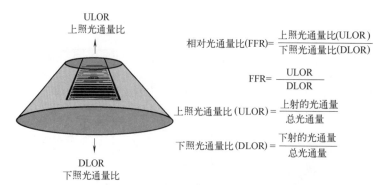

$$相对光通量比(FFR)= \frac{上照光通量比(ULOR)}{下照光通量比(DLOR)}$$

$$FFR= \frac{ULOR}{DLOR}$$

$$上照光通量比（ULOR）= \frac{上射的光通量}{总光通量}$$

$$下照光通量比（DLOR）= \frac{下射的光通量}{总光通量}$$

FFR=0	说明灯具只有下射光，可提供很高的直射比，在工作区产生高的光效，属于一个完全直接的散射灯具，通常是一个格栅灯具。该类型灯具会由于较高的明暗对比度而产生压抑的气氛。该类型灯具可采用嵌入式、吸顶式、悬挂式等安装方式
FFR=0.1	该类型灯具不能采用嵌入式安装，也不能采用吸顶式安装。该类型灯具产生少量上射光，可帮助缓解纯粹下向光而产生的压抑气氛。该类型灯具还可使阴影变得柔和
FFR=1.0	该类型灯具所产生的上射光与下射光的比例是相同的。该类型灯具的阴影变得柔和，对比度降低。但是，灯具效率要比具有高直接照度比的灯具稍低
FFR=10	该类型灯具几乎为纯上射光线的灯具，只有一小部分下射光。照明效果取决于天花板的光洁度、灯具间的间距、灯具和天花板间的距离

 点/亮/知/识

　　相对光通量比 FFR 是区域内灯具的上照光通量比与下照光通量比的比，它是照明舒适度的衡量参数之一。下射光输出比（downward light output ratio，DLOR）是指当灯具安装在规定的设计位置时，灯具发射到水平面以下的光通量与灯具中全部光源发出的总光通量之比。

3.23 光源的可见度

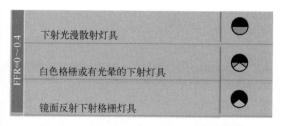

橘黄色表示上向光在天花板上的散射光

黑色表示在该方向中没有可见光

黄色表示光源在该方向是可见的

点/亮/知/识

光源可见度的示意，可以用圆周平面上不同的颜色作为一个灯具配光示意图来表达。

3.24 聚光与散光——点和面

立体感强
无漫射光

立体感强
几乎没有漫射光

较强对比效果
含有部分漫射光

较柔和对比效果
含有大量漫射光

完全没有聚光

聚光 ◀—————————————▶ 散光

3.25 线状光源与点状光源——较大面积和小面积

点状光源

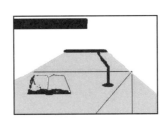
线状光源

扫码看视频

点光源图案的布灯

3.26 点光源图案的布灯——组合形等

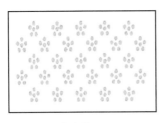
组合形
部分点光源布灯

渐开线布灯
部分点光源布灯

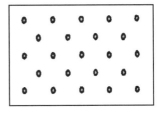
梅花形
部分点光源布灯

点 / 亮 / 知 / 识

　　部分点光源图案布灯，包括梅花灯形式（图案）、组合布灯形式（图案）、渐开线布灯形式（图案）等部分点光源图案布灯，可以利用排列组合法用灯具绘成顶棚图案，达到美观、照度均匀等要求。

3.27 线状光源布灯图案——格子图等

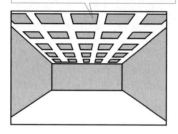

格子布灯，近似发光天棚制作方法，照度均匀，适于布置经常变化的场所

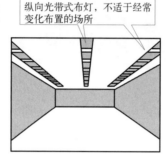

纵向光带式布灯，不适于经常变化布置的场所

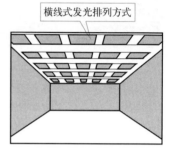

横线式发光排列方式

 点 / 亮 / 知 / 识

　　线状光源的图案布灯包括纵向光带式布灯、横向光带式布灯、格子布灯等。线状光源的图案布灯具有透视感强、整齐清晰的特点，能够充分强调长度感与宽度感。

3.28 5：3：1灯的黄金定律——灵活应用

5：3：1灯的黄金定律

"5"是指光亮度最强的集中性光线，如投射灯

"3"是指给人柔和感觉的辅助式光源

"1"是指提供整个房间最基本照明的光源

居室装饰照明，集中式光源、辅助式光源、普照式光源
应该交叉组合运用，其亮度比例大约为5：3：1

第 **4** 章 ▶▶
室内环境照明基础与常识

扫码看视频

室内照明设计要求

4.1 室内照明设计要求——照度、色温等

室内照明设计要求
- 足够的照度
- 适当的色温
- 合理的灯具选择
- 正确的布置方式

点/亮/知/识

光照可以构成空间，并且能起到改变空间、美化空间等作用。光照，可以直接影响物体的视觉大小、形状、质感、色彩，从而影响到环境艺术效果。

4.2 照明舒适度的衡量参数——光通量比、亮度等

照明舒适度的衡量参数
- 光源的可见度：指光源是否直接可见
- 相对光通量比FFR：区域内灯具的上照光通量比与下照光通量比的比
- 亮度：从灯具的轴向看，在距离灯具的某一距离的某个角度范围内的平均亮度

4.3 照明设计维护系数——室内环境

照明设计维护系数

环境污染特征	房间或场所	灯具最少擦拭次数 /（次／年）	维护系数值
开敞空间	雨篷、站台	2	0.65

续表

环境污染特征		房间或场所	灯具最少擦拭次数/（次/年）	维护系数值
室内	清洁	卧室、办公室、影院、剧场、餐厅、阅览室、教室、病房、客房、仪器仪表装配间、电子元器件装配间、检验室、商店营业厅、体育馆、体育场等	2	0.80
	一般	机场候机厅、候车室、机械加工车间、机械装配车间、农贸市场等	2	0.70
	污染严重	公用厨房、锻工车间、铸工车间、水泥车间等	3	0.60

4.4 室内环境光类型——看图学

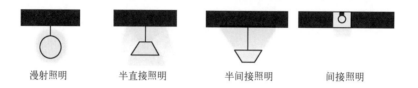

漫射照明　　半直接照明　　半间接照明　　间接照明

4.5 室内轮廓光——间接、直接

间接照明　　半间接照明　　直接照明

4.6 室内局部强调照明方法——背景、扩散等

·为将光源放于物体背后、上面，使其成为明亮的背景

·为用光线将墙体照亮，使人感到空间扩大，突出墙的材质。该法可以制造各种形状的光斑

·为大面积均匀照明，适用于起伏不大但是色彩丰富的物体。该法不能突出物体的起伏

·为用投光灯将光束投到物体上，能够确切显示被照物体的质感、颜色、细部

4.7　空间枝形网络照明——树型、枝型等

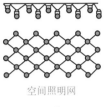
空间照明网

顶棚系统照明

空间枝型照明

空间树型照明

 点／亮／知／识

空间枝型网络照明系统包括空间树型照明、空间枝形照明、空间照明网、顶棚系统照明等。

4.8　照明电压——220V、12V 等

220V ——→ 一般照明光源的电源电压应采用220V

30V ——→ 安装在水下的灯具应采用安全特低电压供电，无纹波直流供电不应大于30V

12V ——→ 安装在水下的灯具应采用安全特低电压供电，其交流电压值不应大于12V

380V ——→ 1500W及以上的高强度气体放电灯的电源电压宜采用380V

 点／亮／知／识

移动式、手提式灯具采用 ID 类灯具时，需要采用安全特低电压供电，其电压限值应符合下列规定。

① 干燥场所交流供电不大于 50V，无纹波直流供电不大于 120V。

② 潮湿场所不大于 25V，无纹波直流供电不大于 60V。

照明灯具的端电压不宜大于其额定电压的 105%，并且宜符合的规定如下。

① 一般工作场所不宜低于其额定电压的 95%。

② 应急照明、用安全特低电压供电的照明不宜低于其额定电压的 90%。

4.9 LED 灯具控制要求——依场景考虑

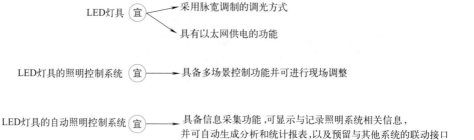

LED灯具 宜 → 采用脉宽调制的调光方式

→ 具有以太网供电的功能

LED灯具的照明控制系统 宜 → 具备多场景控制功能并可进行现场调整

LED灯具的自动照明控制系统 宜 → 具备信息采集功能，可显示与记录照明系统相关信息，并可自动生成分析和统计报表，以及预留与其他系统的联动接口

LED 灯具控制要求

应　用	LED 灯具控制要求
用于长时间无人逗留区域的 LED 灯具	宜配备智能传感器或外接传感器控制接口，可根据使用需求自动关灯或降低照度水平
用于大空间一般照明的 LED 灯具	应具备控制接口，能够进行分级分区控制
用于地下车库一般照明的 LED 灯具	可兼容或匹配车位探测、空位显示等辅助功能
用于门厅、大堂、电梯厅等场所的 LED 灯具	可配备或外接夜间定时降低照度的自动控制装置
用于消防疏散照明的 LED 灯具	应具备消防强制点亮的控制接口
用于有天然采光的场所的 LED 灯具	宜配备随天然光变化自动调节照度的智能传感器或外接传感器控制接口

4.10 LED 灯具家居照明控制——依功能间考虑

LED灯具家居照明

→ 局部照明 宜 采用直接型LED灯具

→ 厨房和卫生间的一般照明 宜 采用带罩的漫射型LED灯具

→ 卧室、起居室的一般照明 不宜 用发光面平均亮度高于2000cd/m²的LED灯具

4.11 LED 灯具办公建筑照明控制——宜与可用

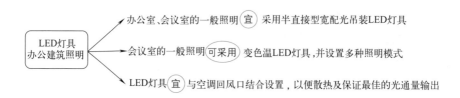

LED灯具办公建筑照明

→ 办公室、会议室的一般照明 宜 采用半直接型宽配光吊装LED灯具

→ 会议室的一般照明 可采用 变色温LED灯具，并设置多种照明模式

→ LED灯具 宜 与空调回风口结合设置，以便散热及保证最佳的光通量输出

4.12 LED灯具商店建筑照明控制——宜与不宜

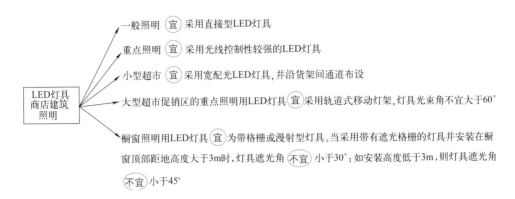

LED灯具商店建筑照明

一般照明 (宜) 采用直接型LED灯具

重点照明 (宜) 采用光线控制性较强的LED灯具

小型超市 (宜) 采用宽配光LED灯具,并沿货架间通道布设

大型超市促销区的重点照明用LED灯具 (宜) 采用轨道式移动灯架,灯具光束角不宜大于60°

橱窗照明用LED灯具 (宜) 为带格栅或漫射型灯具。当采用带有遮光格栅的灯具并安装在橱窗顶部距地高度大于3m时,灯具遮光角 (不宜) 小于30°;如安装高度低于3m,则灯具遮光角 (不宜) 小于45°

4.13 LED灯具旅馆建筑照明控制——客房、中庭等

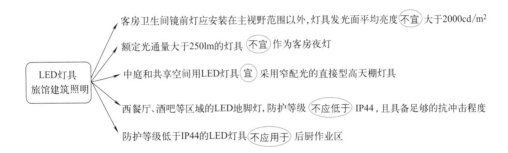

LED灯具旅馆建筑照明

客房卫生间镜前灯应安装在主视野范围以外,灯具发光面平均亮度 (不宜) 大于2000cd/m²

额定光通量大于250lm的灯具 (不宜) 作为客房夜灯

中庭和共享空间用LED灯具 (宜) 采用窄配光的直接型高天棚灯具

西餐厅、酒吧等区域的LED地脚灯,防护等级 (不应低于) IP44,且具备足够的抗冲击程度

防护等级低于IP44的LED灯具 (不应用于) 后厨作业区

4.14 LED灯具医疗建筑照明控制——治疗区域、护士站等

LED灯具医疗建筑照明

出光口平均亮度高于2000cd/m²的LED灯具 (不宜) 用于治疗区域和护士站的一般照明

精细检查的局部照明用LED灯具,显色指数 (不应低于) 90,且 (不应产生) 阴影

4.15 LED灯具博览建筑照明控制——展厅内等

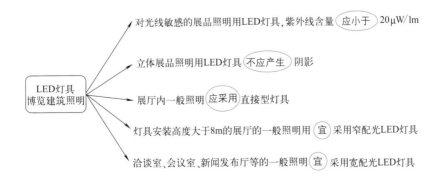

LED灯具博览建筑照明

对光线敏感的展品照明用LED灯具,紫外线含量 (应小于) 20μW/lm

立体展品照明用LED灯具 (不应产生) 阴影

展厅内一般照明 (应采用) 直接型灯具

灯具安装高度大于8m的展厅的一般照明用 (宜) 采用窄配光LED灯具

洽谈室、会议室、新闻发布厅等的一般照明 (宜) 采用宽配光LED灯具

4.16 LED 灯具工业建筑照明控制—— 一般照明等

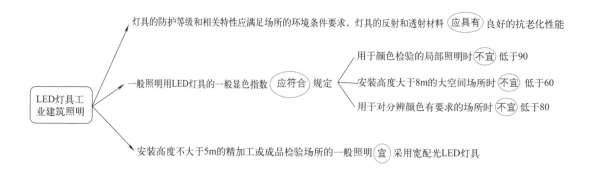

LED灯具工业建筑照明 → 灯具的防护等级和相关特性应满足场所的环境条件要求，灯具的反射和透射材料（应具有）良好的抗老化性能

一般照明用LED灯具的一般显色指数（应符合）规定
- 用于颜色检验的局部照明时（不宜）低于90
- 安装高度大于8m的大空间场所时（不宜）低于60
- 用于对分辨颜色有要求的场所时（不宜）低于80

安装高度不大于5m的精加工或成品检验场所的一般照明（宜）采用宽配光LED灯具

4.17 室内洗墙效果——不同灯效

线性灯光线朝下洗墙效果

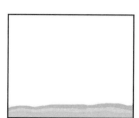
地面灯槽光线朝上洗墙效果

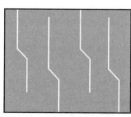
流水线性灯洗墙效果

射灯洗墙效果

磁吸灯洗墙效果

磁吸灯洗墙效果

 点 / 亮 / 知 / 识

　　洗墙射灯尽量减少副光斑，光线才会纯净。不同灯具的应用，对消除副光斑的重视程度不同。昏暗环境副光斑会更明显，有光线的情况轻微副光斑会被消除。

4.18　LED 追光流水灯带模式——常见场景

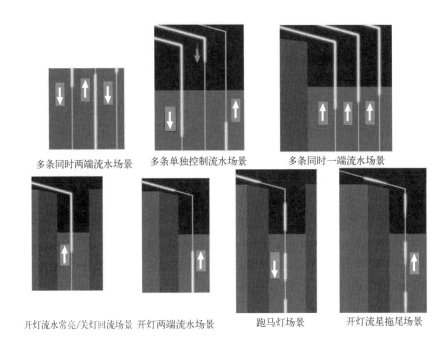

多条同时两端流水场景　　多条单独控制流水场景　　多条同时一端流水场景

开灯流水常亮/关灯回流场景　开灯两端流水场景　　　跑马灯场景　　　开灯流星拖尾场景

4.19　某款 LED 追光流水灯带模式——依需选择

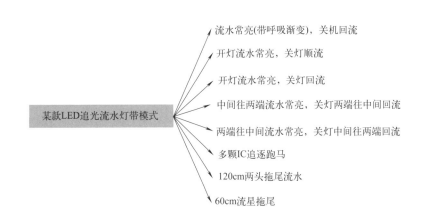

某款LED追光流水灯带模式

流水常亮(带呼吸渐变)，关机回流

开灯流水常亮，关灯顺流

开灯流水常亮，关灯回流

中间往两端流水常亮，关灯两端往中间回流

两端往中间流水常亮，关灯中间往两端回流

多颗IC追逐跑马

120cm两头拖尾流水

60cm流星拖尾

4.20 LED 追光流水灯带常见色温——依场景选择

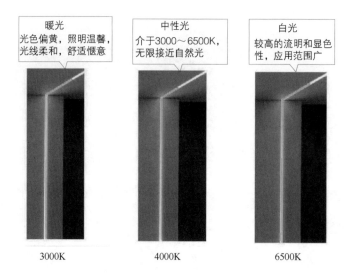

暖光
光色偏黄，照明温馨，光线柔和，舒适惬意

中性光
介于3000～6500K，无限接近自然光

白光
较高的流明和显色性，应用范围广

3000K　　　4000K　　　6500K

4.21 筒灯离墙尺寸与筒灯间距——40～60cm、90～135cm

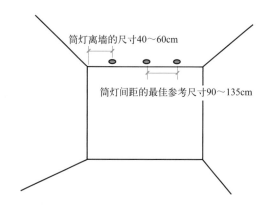

筒灯离墙的尺寸40～60cm

筒灯间距的最佳参考尺寸90～135cm

 点/亮/知/识

　　根据效果，筒灯离墙的尺寸为 40～60cm。筒灯间距的最佳参考尺寸为 90～135cm。层高 3m 以上的家居，常见的筒灯安装间距通常为 1～1.2m。层高为 2.7～3m 时，可适当调节筒灯间的间距，但最好选择在 1.3～1.5m 间。筒灯间距太小，会存在压迫感。实际上筒灯间距没有一个明确的固定数值，应用场景不同，照明需求不同，间距会存在差异。一般而言，筒灯离墙的尺寸必须大于 50cm（非中心墙）。如果小于 50cm，则光斑会打到旁边墙壁上。另外，筒灯与墙离太近，时间长了会将墙面烤黄。

4.22 筒灯孔心距——15cm、20cm

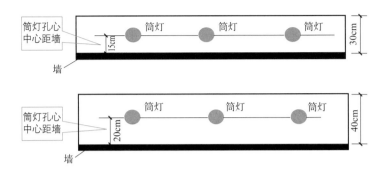

　　吊顶的底棚边线宽度和筒灯的直径相关。它的距离是以走边的中心距墙而定。如走边的宽度为 30cm，它的中心距墙就是 15cm，如走边的宽度为 40cm，则它的中心距墙就是 20cm。筒灯孔心是指筒灯孔中心到墙的距离。筒灯孔边是指筒灯圆孔边缘到墙的距离。筒灯离顶距离是指光弧到天花板的距离。

4.23 筒灯数量——家居墙壁一边2～4盏

一般而言，家居墙壁一边设计2～4盏筒灯，3盏为常见，并且一般是根据吊顶长度或者该面墙壁来确定的

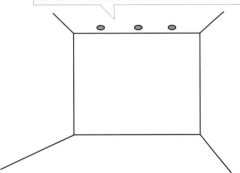

　　根据筒灯用作主要照明还是辅助照明，其安装数量会存在差异。筒灯用作辅助照明，则不要安装得太多，以免影响光线。

4.24 筒灯的规格——家居选 6 ～ 8cm

筒灯规格与参考应用

尺寸/in	使用范围	参考应用
2.5	一般	酒店：楼梯、电梯 商场：商铺(珠宝、护肤品)
3	较窄	酒店：大厅、客房走道 商场：电梯入口、人行走道
4	广泛	酒店：酒店入口、前台、楼梯、餐厅、走道、厕所 商场：商铺(美食、珠宝、护肤品、鞋店、品牌店)、外通道、柜台、银行
6	广泛	酒店：酒店入口、大堂、走道(主要) 商场：入口、电梯、商铺(美食、婚纱、眼镜、品牌店)、影院
8	较广	酒店：大堂、入口 商场：走道、大厅、电梯转角、商铺(珠宝、玉器、品牌衣服、品牌鞋店)

4in、6in筒灯的使用频率是最高的

压铸筒灯规格参考参数

筒灯的规格参数	适用光源	材质
2in 筒灯（φ70）——φ90×100H 2.5in 筒灯（φ80）——φ102×100H 3in 筒灯（φ90）——φ115×100H 3.5in 筒灯（φ100）——φ125×100H 4in 筒灯（φ125 ）——φ145×100H	E27 10 ～ 40W	锌合金

民用筒灯规格参考参数

筒灯的规格参数	适用光源	材质
2in 筒灯（φ70）——φ90× 100H 2.5in 筒灯（φ80）——φ102×100H 3in 筒灯（φ90）——φ115×100H 3.5in 筒灯（φ100）——φ125×100H 4in 筒灯（φ125 ）——φ145×100H	E27 10 ～ 40W	铁质

工程筒灯规格参考参数

筒灯的规格参数	适用光源	材质
3in 筒灯（φ90）——φ1150×120H 3.5in 筒灯（φ100）——φ130×140H 4in 筒灯（φ1250）——φ145×150H 5in 筒灯（φ140）——φ165×175H 6in 筒灯（φ170 ）——φ195×195H 8in 筒灯（φ210）——φ235×225H 10in 筒灯（φ260）——φ285×260H	E27 10 ～ 40W	铁质

注：H 表示高度。

点/亮/知/识

　　一般而言，家居筒灯常用直径来表示其规格、应用，多数选择直径为 6 ～ 8cm、高度为 12 ～ 15cm 的筒灯。因此，筒灯安装空间高度不得低于 15cm。

4.25 筒灯功率——依层高选择

层高 *H*：2.8～3.2m
一般照明
对应的灯具功率：7～12W

层高 *H*：3.8～6m
中空照明
对应的灯具功率：15～24W

层高 *H*：8～10m
高空照明
对应的灯具功率：30～40W

层高 *H*：12～15m
高空照明
对应的灯具功率：40～60W

筒灯功率建议设计方案

尺寸 /in	光源属性	光源功率 /W
2.5		3
3		5
3.5		6、7
4	LED	7、9
5		9、12
6		12、15、18
8		15、18、21、24

 点 / 亮 / 知 / 识

　　对于一般住宅，宜设计选择小功率 LED 筒灯。对于别墅等层高的空间，应根据场景选择偏高功率 LED 筒灯。

4.26 常用射灯光束角——依场景选择

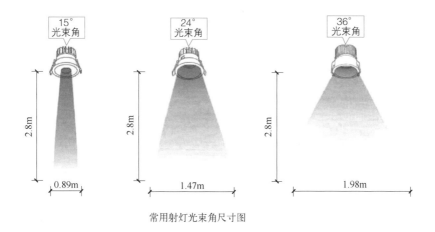

常用射灯光束角尺寸图

普通光
叠影、杂光、炫光

<15°
适用:照柱子,工艺品,
静物,咖啡厅等

<24°
适用:背景墙
的洗墙效果

<40°
适用:特殊场景
的洗墙效果

 点/亮/知/识

　　具体的射灯,其常用光束角尺寸可能存在差异。光束角不同,决定场景是"大山丘"光效,还是"小山丘"光效。

扫码看视频

4.27　射灯离墙尺寸——15～30cm

射灯离墙尺寸

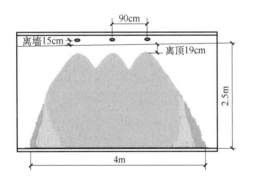
90cm
离墙15cm
离顶19cm
2.5m
4m

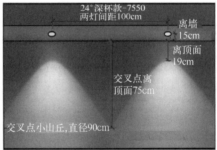
24°深杯款-7550
两灯间距100cm
离墙15cm
离顶面19cm
交叉点离顶面75cm
交叉点小山丘,直径90cm

 点/亮/知/识

　　根据效果不同,射灯离墙的尺寸为15～30cm(该距离是指离射灯安装孔中心的距离)。射灯光束角越大,则离墙距离应越远。射灯光束角越小,则离墙距离应越近。射灯离墙越远,光弧距离越长,光弧越大。射灯离墙过近容易导致山峰曝光、副光斑过重等现象。射灯离墙太远,则会出现光效小山丘会比较靠下以及亮度较低等现象。

　　射灯安装孔边缘与墙的尺寸,可以灵活加减孔的半径。

　　如果射灯下方有边吊、其他凸起装饰,则可能需要实测确定具体距离,以避免小山丘被截断,造成叠光等情况。

　　射灯理想光效:小山丘连绵不绝,座座山川;大山丘两岸连山,层峦叠嶂。

4.28 射灯离侧墙尺寸——不小于 65cm

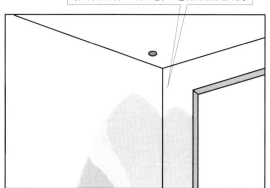

射灯离侧墙尺寸太近,引起折光(截光)现象

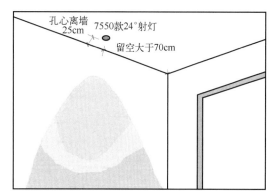

孔心离墙 25cm 7550款24°射灯 留空大于70cm

点/亮/知/识

　　离侧墙的两个射灯离墙的距离,一般不能小于 65cm,以免小山丘光效的一边跑到侧墙上,即出现造折光(截光)现象。

　　射灯两侧留空是指光弧距离墙两侧的距离。

　　利用离顶距离保证光弧完整,以便使灯光不留一截在上面,完整照射具有很好的场景效果,例如照画、照射画框等场景。

　　射灯避免曝光,24°、36°射灯孔心离墙 15cm 以上即可避免(离墙远近决定曝光程度)。

　　7550 款 24°射灯参考间距:

　　孔心离墙 10cm,留空大于 45cm;

　　孔心离墙 15cm,留空大于 50cm;

　　孔心离墙 18cm,留空大于 55cm;

　　孔心离墙 20cm,留空大于 60cm;

　　孔心离墙 25cm,留空大于 70cm。

　　5020 款 36°射灯参考间距:

　　孔心离墙 10cm,留空大于 55cm;

　　孔心离墙 15cm,留空大于 60cm;

　　孔心离墙 18cm,留空大于 65cm;

　　孔心离墙 20cm,留空大于 70cm;

　　孔心离墙 25cm,留空大于 80cm。

4.29 射灯间距——90~120cm

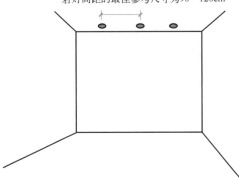

射灯间距,是指灯与灯间的距离。
射灯间距的最佳参考尺寸为90~120cm

直线吊顶安装射灯距离一般为 800~1100mm。射灯光束角越大,则离墙距离应越远;射灯光束角越小,则离墙距离应越近。

4.30 线性灯发光角度——应用前设计好

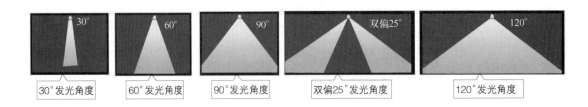

30°发光角度　60°发光角度　90°发光角度　双偏25°发光角度　120°发光角度

4.31 灯具间最有利的距高比——依灯具形式

灯具间最有利的距高比

灯具形式	距高比 L/h (多行布置)	距高比 L/h (单行布置)	宜采用单行布置的房间高度 /m
防水防尘的天棚灯	2.3~3.2	1.9~2.5	1.3h
无漫射罩的配照型灯	1.8~2.5	1.8~2.0	1.2h
搪瓷深照型灯	1.6~1.8	1.5~1.8	1.0h
镜面深照型灯	1.2~1.4	1.2~1.4	0.75h
有反射罩的荧光灯	1.4~1.5	—	—
有反射罩的荧光灯(带格栅)	1.2~1.4	—	—

注:h表示灯具高度。

点/亮/知/识

灯具最大允许距高比是指保证所需照度均匀度时的灯具安装间距与灯具计算高度比的最大允许值。

4.32　荧光灯最大允许距高比——荧光灯应用

荧光灯的最大允许距高比

名　　称		型号	效率/%	最大允许距高比		光通量/lm	图例
				A—A	B—B		
筒式荧光灯	1×40W	YG1-1	81	1.62	1.22	400	
	1×40W	YG2-1	88	1.46	1.28	2400	
	2×40W	YG2-2	97	1.33	1.28	2×2400	
嵌入式格栅荧光灯（塑料格栅）3×40W		YG15-3	45	1.07	1.05	3×2400	
嵌入式格栅荧光灯（铝格栅）2×40W		YG15-2	63	1.25	1.2	2×2400	
密闭型荧光灯 1×40W		YG4-1	84	1.52	1.27	2400	
密闭型荧光灯 2×40W		YG4-2	80	1.41	1.26	2×2400	
吸顶式荧光灯 2×40W		YG6-2	86	1.48	1.22	2×2400	
吸顶式荧光灯 3×40W		YG6-3	86	1.5	1.26	3×2400	

4.33　灯效果与灯槽结构——设计应用借鉴

扫码看视频

灯效果与灯槽
结构

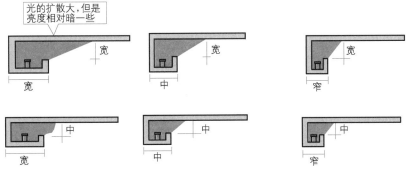

灯的效果与灯槽结构有关

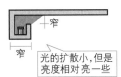

4.34 40°光束角度离墙效果——照明参考

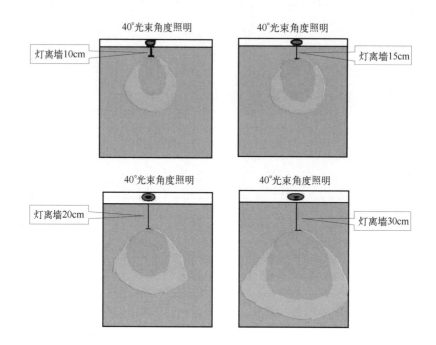

4.35 墙面上扇贝形照明——设计与应用

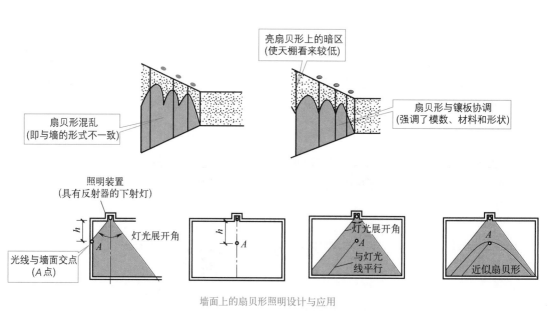

墙面上的扇贝形照明设计与应用

h—光线与墙面交点到顶面的高度

4.36　同距离的凹槽口照明——布置有方

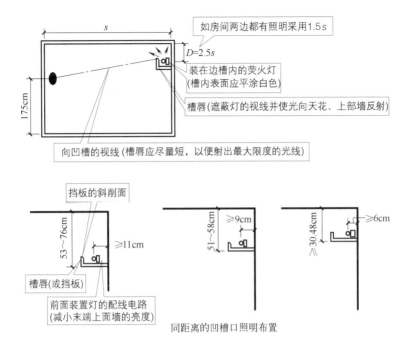

如房间两边都有照明采用1.5s

$D=2.5s$

装在边槽内的荧火灯
(槽内表面应平涂白色)

槽唇(遮蔽灯的视线并使光向天花、上部墙反射)

向凹槽的视线(槽唇应尽量短,以便射出最大限度的光线)

挡板的斜削面

53～76cm

≥11cm

51～58cm

≥9cm

≥30.48cm

≥6cm

槽唇(或挡板)

前面装置灯的配线电路
(减小末端上面墙的亮度)

同距离的凹槽口照明布置

4.37　泛光照明方式——方式多样

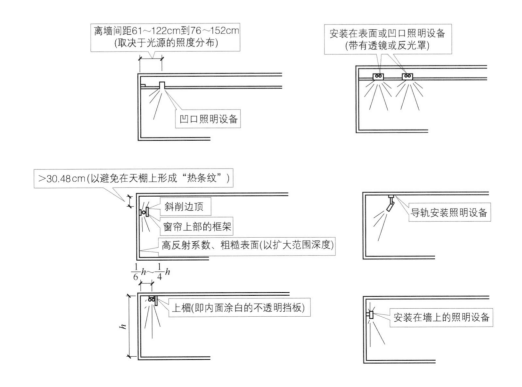

离墙间距61～122cm到76～152cm
(取决于光源的照度分布)

凹口照明设备

安装在表面或凹口照明设备
(带有透镜或反光罩)

>30.48cm(以避免在天棚上形成"热条纹")

斜削边顶

窗帘上部的框架

高反射系数、粗糙表面(以扩大范围深度)

$\frac{1}{6}h$～$\frac{1}{4}h$

h

上楣(即内面涂白的不透明挡板)

导轨安装照明设备

安装在墙上的照明设备

实战篇

第 **5** 章 ▶▶
家居照明设计与应用

5.1　房间灯具高度

一个房间中间灯具和地板间的距离为2.1m

2.1m

5.2　重型灯具严禁安装在吊顶龙骨上

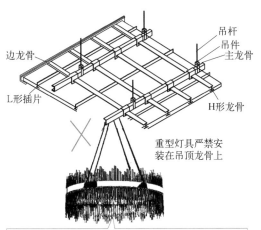

边龙骨

L形插片

吊杆
吊件
主龙骨

H形龙骨

重型灯具严禁安装在吊顶龙骨上

吊灯自重在3kg及以上时，应先在顶板上安装后置埋件，再将灯具固定在后置埋件上。严禁安装在木楔、木砖上

5.3 日间需要人工照明房间色温要求

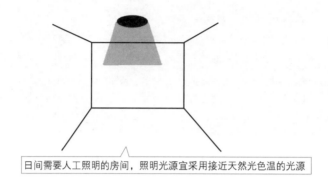

日间需要人工照明的房间，照明光源宜采用接近天然光色温的光源

5.4 阅读光线射入要求

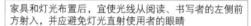

家具和灯光布置后，宜使光线从阅读、书写者的左侧前方射入，并应避免灯光直射使用者的眼睛

 点 / 亮 / 知 / 识

反光灯槽最小直径一般是等于或大于灯管直径的 2 倍。灯具安装高度：大吊灯最小高度为 2400mm；壁灯一般高 1500 ~ 1800mm；床头壁灯高 1200 ~ 1400mm。

5.5 低矮层高的空间灯具

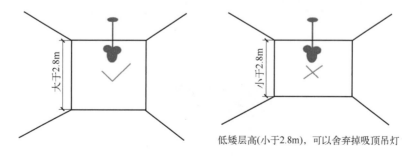

低矮层高(小于2.8m)，可以舍弃掉吸顶吊灯

点 / 亮 / 知 / 识

　　低矮层高（小于 2.8m），可以舍弃掉吸顶吊灯，主照明采用 LED 筒灯。有条件的可设计筒灯＋灯带形式。

　　天花上方无灯槽的情况（或者开槽不方便的情况），则可以不使用灯带，而装饰照明、区域照明上采用适量的壁灯、落地灯来代替。

　　没有吊顶的天花，也可以设计采用明装筒灯，但是明装筒灯的规格体积大小一定要与空间协调，达到美的效果。对于家居空间常选择较小巧类型的明装筒灯。

5.6　家居洗墙光束角

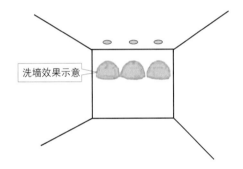

洗墙效果示意

点 / 亮 / 知 / 识

　　灯具不同光束角，呈现的光效不同，洗墙打出来的小山丘宽度、长度有差异。为此，不同的距离需要搭配适当的灯具款式。一般家居射灯洗墙光束角有 24°、36° 等。

　　家居射灯洗墙小山丘效果顶点向下大约 50cm，光效会开始变弱（明显）。射灯灯具间的间距以该位置的光弧直径为准的小山丘相连的效果是理想的光效场景。

　　对于家居射灯，灯与灯之间的间距控制在 60 ～ 100cm，小山丘光效相连效果比较理想。如果射灯间距过近，则容易导致小山丘过于密集。如果射灯间距过远，则容易导致小山丘断开，变成一座座小山包光效。

　　有的射灯光效不是小山丘，主要是光束形状不同、结构不同等差异。为此，家居洗墙需要小山丘光效，则需要选对灯具。

　　装修打孔前，可以把首先购买好的射灯进行现场试验得出离墙尺寸、灯间间距等。

5.7 家居灯带的设计与应用

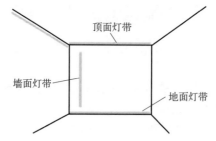

家居灯带的设计与应用：顶面灯带、墙面灯带、地面灯带等

点/亮/知/识

家居灯带的设计与应用。

① 顶面灯带的设计与应用：吊顶中设计应用灯带，可以增加顶部的层次感，以及利用明暗结合，还能够形成一种虚实对比、动静结合的场景效果。

② 柜体中灯带的设计与应用：柜体中设计采用灯带，可以弱化空间的封闭感、违和感。打开柜子时，不会因为柜体内部黑暗影响视觉。对于厨房吊柜，最好设计灯带，这样能够让烹饪者在切菜、拿调料时更具安全性。

③ 墙面灯带的设计与应用：卧室背景墙、楼梯墙面、客厅墙面、过道墙面等采用灯带，能够与空间结合得好，起到渲染优雅内敛气质的场效等作用。

④ 镜子周围灯带的设计与应用：卫浴间的镜子周围设计一圈暗藏灯带，可以勾勒出有趣的几何形，张扬个性、凸显格调场效等作用。

⑤ 地面灯带的设计与应用：地面灯带设计合理，能够让相关区域看起来层次分明，并且利用柔和朦胧的灯光，达到给人安全感的场效等作用。

⑥ 楼梯台阶下灯带的设计与应用：楼梯台阶下设计灯带，能够有效解决黑暗中楼梯间的照明问题。

5.8 住宅室内亮度分层、分控与亮度对比

单调　　　　　　　　　　分层、分控　　　　　　　　　分层、分控

点/亮/知/识

住宅室内亮度分层、分控与亮度对比。

① 室内照明亮度尽量不要均匀分布，均匀分布的亮度会令人感到单调，空间美感不足。为此，应根据不同环境设计不同的亮度，也就是亮度的变化与其层次感。

② 照明亮度会影响人的情绪。例如，接待客人时需要照明亮，以使人精神愉快。安静休息时则需要较弱的亮度。为此，有的空间需要照明分控，达到不同场景需要的照明。

③ 考虑视觉舒适性，应重视工作区的亮度对比。一般而言，工作区、工作区的周围、工作区环境背景之间的亮度对比不宜过大。亮度差别过大，会引起不舒适眩光。

④ 对房间进行具体分析，分区分层有所规划：全面照明、局部照明、重点照明、装饰照明、直接照明、间接照明等。

亮度分层，也就是灯光层次，即设计高位、中位、低位灯光，照明亮度不会暗，并且搭配出层次感。

① 高位灯光：水平视线以上的光。天花上筒灯、悬浮顶上的暗藏灯带等发出的光属于高位灯光。

② 中位灯光：与人视线齐平的光，洗墙灯槽发出的光、亮在墙上的小山丘等属于中位灯光。

③ 低位灯光：水平视线以下的光，较矮的落地灯、地台上的线性灯等发出的光属于低位灯光。

灯光层次，主要在于做好搭配：找到重点光，配合环境光，控制好对比度。家居灯光层次，其实也就是天线、腰线、地线光照场景的分层、配合与互动。

例如，餐厅灯光层次：餐厅设计吊灯照亮餐桌，并且该吊灯相比其周边的环境光要更亮一点，焦点在桌子上，然后控制环境光的强弱和灯光色温营造氛围。

5.9　室内光线的色格调

室内装修和家具如为暖色调布置,照明则应采用暖色调光源;
室内装修和家具如为冷色调布置,照明则宜采用冷色光源

点/亮/知/识

室内光线色格调。

① 同样的照度，浅色格调的室内亮度较高，深色格调的室内亮度较低。

② 暗色调的室内，应有更充足的光线来补偿。

③ 照明光线有冷色调、中性色调、暖色调之分。

④ 冷色调，适合阅读、家务劳动。

⑤ 暖色调，适合用餐、欣赏音乐、看电视等。

5.10 家居照明重视局部照明与装饰照明的应用

常见局部照明场景有：雕塑、绘画、壁饰、照片、植物、建筑物本身某部分。
常见的局部照明方式，就是投射效果。
局部照明的灯具，常用的有筒灯、射灯、壁灯等

家居照明种类与应用

分　类	举　例	要　求
一般家居照明	普通居家	基本照明 局部照明 高照度水平
中档家居照明	楼中楼、高档公寓	基本照明 局部照明 重点照明 装饰照明
高档家居照明	豪华别墅	基本照明 局部照明 重点照明 装饰照明 智能照明

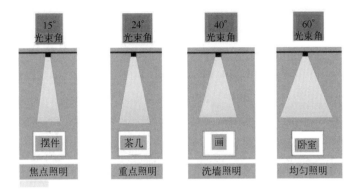

15°光束角	24°光束角	40°光束角	60°光束角
摆件	茶几	画	卧室
焦点照明	重点照明	洗墙照明	均匀照明

 点 / 亮 / 知 / 识

全面照明也就是一般照明、基础照明，它是将一个大范围的空间或整个房间照亮的照明。以前，家居照明只有全面照明。为了使照明更具舒适性与愉悦感，应在全面照明的基础上，重视局部照明与装饰照明的应用。

① 某些局部需要高照度的场所，宜设置局部照明。局部照明常采用台灯、落地灯、壁灯、床头灯等。

② 装饰照明就是用造型优美的灯具对室内进行照明，或用灯光显现室内的装饰效果。

③ 为了方便住宅照明设计，可以根据住宅照明方式及种类，对房间进行具体分析。住宅照明包括全面照明、局部照明、重点照明和装饰照明。照明方式包括直接照明、间接照明等。

④ 局部照明是在"全面照明"的基础上附加一系列对特定区域的照明。这些特定区域需要有较高的照度，并且照明要求有足够的光线、合适的位置，以及避免眩光。常见局部照明场景有：雕塑、绘画、壁饰、照片、植物、建筑物本身某部分。常见的局部照明方式就是投射效果。局部照明的灯具，常用的有筒灯、射灯、壁灯等。

⑤ 装饰照明是利用具体有特色的装饰性灯具安装在房间不同地点，以增添居室的活力、特色、韵味。装饰照明可以利用照明灯具本身的艺术造型起点缀效果，可以利用照明光线创造环境气氛与意境。选用装饰照明灯具时，需要考虑其造型、尺度、功率、安装位置、艺术效果、节能等要求。

5.11　家居无主灯设计与应用

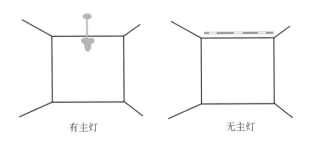

有主灯　　　　　　无主灯

家居无主灯照明设计总思路是指把一个空间照明分散分层分区，并且每处精准控光，达到完美光效与场景。家居照明空间，常见的有顶面、墙面、地面，其中顶面、墙面有上、中、下三部分，地面有周边、中心、局部等部分。灯光有点、线、面等形式，并且能够完美结合。即使家居无主灯照明，也要达到基础照明、氛围营造、装饰突显、生活艺术等要求。

　　家居无主灯照明简单设计思路表意："天线区——灯带照明；腰线区——重点照明；地线区——灯带照明"。

　　天线也就是天花线附近的照明光线，主要设计线性灯带照明。整个空间天花四周嵌入灯带，也可以部分边嵌入灯带。天花线采用线性灯带的优点：增添空间时尚感、减少天花压迫感、照亮空间、灯带光柔不刺眼等。

　　腰线也就是视线所在的"空间腰线"附近的照明光线，大概为房屋高度的 1.5～2m 位置处的场景光线光效。射灯等聚光源，能够满足照明要求，又具有较强的空间表现力，适合腰线的场景光线的光源。腰线区采用射灯，具有光源聚光性更强、灯光质感更好、不易刺眼、对其他区域干扰少等特点。

　　常见的腰线照明如下。

　① 玄关照画，可以设计用 24° 光束角，形成山形装饰光效场景。

　② 餐厅吊灯高度一般设计在大约 1.3m 处，桌子台面照亮充分，便于食用，便于拍照。

　③ 餐边柜吊柜底部设计灯带，并且离台面近，充分照亮，并且具有装饰作用。

　④ 沙发壁灯的照明设计亮度充足，便于坐在沙发上阅读、看手机等。

　　地线也就是视线所在的墙面靠地面附近地方的照明光线。一般情况下，关注地线的光线比较少。地线照明光线的光源常采用感应灯、地脚灯等，主要从避免磕碰、照亮脚下等方面考虑。地线照明光线运用得当，可以提升空间质感。墙面低处、墙面与地面交界区域设计采用灯带，可以起到引动线、减少空间封闭感、弱化墙面的体量感、提升空间设计感等光效场景。楼梯墙地面交界区域附近，也可以设计采用灯带，达到引动线、提升空间设计感等光效场景。

5.12　绿色照明与安全照明的应用

住宅内应注意节能，目前不提倡选用耗能高的白炽灯，而广泛应用节能型灯具，以利节能

相线应接在螺口灯头中心触点的端子上

零线应接在螺口灯头螺纹的端子上

点/亮/知/识

绿色照明与安全照明的应用。

① 设计具有能够将灯逐渐调到设定级别的功能，也就是软启动功能的照明，这样可以延长灯泡的使用寿命并达到节能要求。

② 照明布线合理。

③ 照明灯具和附件要求：参数适应需要；适合使用环境的需要；离地的高度符合要求；安装牢固可靠等。

④ 吊链灯具的灯线不应受拉力，灯线需要与吊链编织交叉在一起。

⑤ 软线吊灯的软线两端需要做保护扣，两端芯线需要搪锡。

⑥ 吊灯灯具质量大于 3kg 时，需要采用预埋吊钩或螺栓固定。软线吊灯灯具质量大于 1kg 时，需要增设吊链。

⑦ 每个灯具固定用的螺钉或螺栓不应少于 2 个。

⑧ 一般照明电压为 220V（灯具高度不小于 2.5m）。危险性较大、特殊或易接触的部位，需要使用 36V 及以下电压。特别潮湿或导电良好及金属容器内，需要使用 12V 及以下电压。

⑨ 相线应接在螺口灯头中心触点的端子上，零线应接在螺口灯头螺纹的端子上。

⑩ 灯具不得直接安装在可燃构件上。

⑪ 灯头的绝缘外壳不应有破损、不应漏电。

⑫ 带开关的灯头，开关手柄不应有裸露的金属部分。

⑬ 灯具表面高温部位、发热元件不得靠近可燃物，否则需要采取隔热、散热措施。

5.13　智能照明的设计与应用

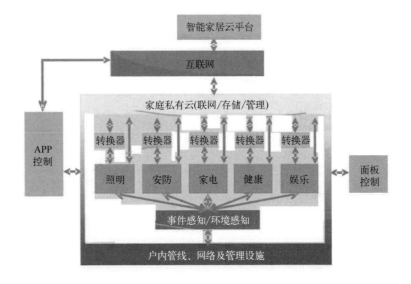

点 / 亮 / 知 / 识

智能照明的应用。

① 采用智能照明控制系统，可以使照明系统在全自动状态下系统按先设定的若干基本状态进行工作，这些状态会根据预先设定的时间相互自动地切换。

② 智能照明控制自如，也就是在任何一个地方的终端均可控制不同地方的灯；或者在不同地方的终端控制同一盏灯。

③ 智能照明软启功能，也就是开灯时，灯光由暗渐渐变亮；关灯时，灯光由亮渐渐变暗，避免亮度突然变化冲击视觉。

④ 智能照明灯光调节，可以利用本地开关进行光线明暗的调整，也可以利用主控器或者遥控器调整控制。

⑤ 智能照明全开全关，也就是整个照明系统的灯可以实现一键全开、一键全关的功能。

⑥ 智能照明定时控制，也就是根据设定的定时，灯会自动亮起与自动熄灭。

⑦ 智能照明场景设置，也就是对于固定模式的场景无需逐一地开关灯与调光，只进行一次编程，就可以一键控制一组灯。

⑧ 智能照明配置灵活，也就是既可局部配置，也可全套居室配置。

5.14　客厅空间性质

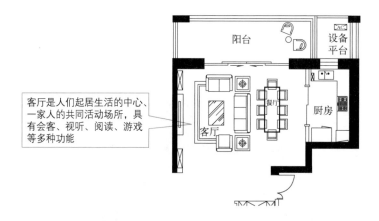

客厅是人们起居生活的中心、一家人的共同活动场所，具有会客、视听、阅读、游戏等多种功能

 点 / 亮 / 知 / 识

客厅照明亮度要高，灯要够高，灯光能够散布在整个客厅，需要多种灯光充分配合。客厅灯具的风格是主人品位与风格的一个重要表现。客厅的照明灯具，应与其他家具相协调，以便营造良好的会客环境、家居气氛。如果客厅光源较多，则应尽量使用相同元素的灯饰，以便保持整体风格的协调一致。

5.15 客厅照明、灯具搭配

客厅灯具以吊灯、吸顶灯、落地灯为主。复杂的天花造型，可以辅以巢灯、筒灯

客厅字画、盆景、工艺品，可以用射灯突出重点，加强气氛

客厅沙发旁，可设计应用调光式落地灯

点/亮/知/识

客厅照明、灯具搭配。

① 客厅层高在 2.7m 以下时，宜设计应用吸顶灯，不宜采用吊灯。

② 如果客厅面积较大，则可以采用灯光来解决区域划分的问题。

③ 如果客厅面积较大（超过 20m²），并且层高在 3m 以上，宜选择大一些的多头吊灯。

④ 如果客厅高度较低、面积较小，应该选择吸顶灯。光源距地面 2.3m 左右，照明效果最好。

⑤ 如果客厅高度只有大约 2.5m，灯具本身的高度应大约为 20cm。采用厚度小的吸顶灯，则可以达到良好的整体照明效果。

⑥ 吊灯四周或家具上部设计射灯，以便让光线直接照射在需要强调的物品上，达到重点突出、丰富层次、营造独特环境等场效。

⑦ 客厅沙发旁，可设计应用调光式、简约式落地灯。采用暖色光源，可以在小空间内突显出温暖、热情的会客洽谈氛围。

⑧ 客厅展示架上，可设计安装几个小射灯。

⑨ 北欧风格灯具简洁沉稳，适合极简主义风格的搭配。

⑩ 落地灯的最大优点在于移动方便，对于角落气氛的营造，十分实用。

⑪ 直接向下投射的落地灯，适合阅读等需集中精神的活动。

⑫ 落地灯做间接照明，则可交互搭配出不同的光线变化。

⑬ 电视机上部或靠近电视机的地方安装灯具，或用一些灯具来照明墙壁，可以缓解看电视引起的视觉疲劳。

⑭ 12m² 以上的客厅，应有一个基本照明和 2 ～ 3 个局部照明。

5.16 客厅灯的高度要求

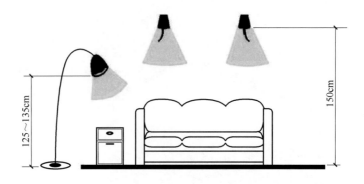

5.17 客厅三色灯具色温的要求

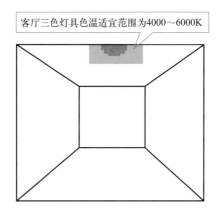

客厅三色灯具色温适宜范围为4000～6000K

5.18 客厅吊灯根据层高的设计选择

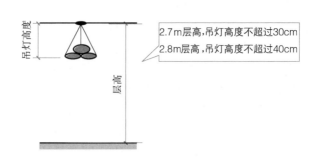

2.7m层高,吊灯高度不超过30cm
2.8m层高,吊灯高度不超过40cm

5.19 吊灯功率根据房间面积的设计选择

吊灯高度

吊灯的功率

客厅、厨房吊灯的功率=房间面积×4
卧室吊灯的功率=房间面积×3

5.20 客厅电视柜照墙灯的设计与应用

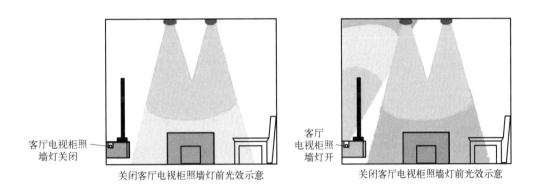

客厅电视柜照墙灯关闭

关闭客厅电视柜照墙灯前光效示意

客厅电视柜照墙灯开

关闭客厅电视柜照墙灯前光效示意

点/亮/知/识

客厅电视柜照墙灯的设计，可以缓和室内与电视画面的辉度差。

5.21 客厅有主灯布灯的设计与应用

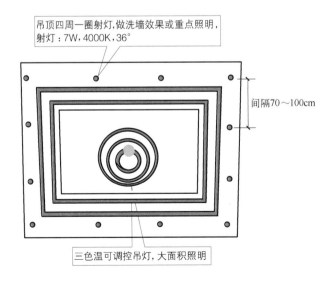

吊顶四周一圈射灯,做洗墙效果或重点照明,
射灯：7W,4000K,36°

间隔70～100cm

三色温可调控吊灯,大面积照明

5.22 客厅无主灯布灯的设计与应用

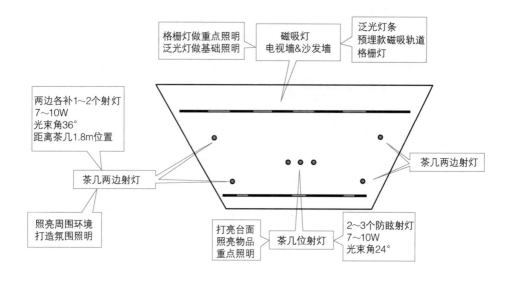

格栅灯做重点照明
泛光灯做基础照明

磁吸灯
电视墙&沙发墙

泛光灯条
预埋款磁吸轨道
格栅灯

两边各补1~2个射灯
7~10W
光束角36°
距离茶几1.8m位置

茶几两边射灯

茶几两边射灯

照亮周围环境
打造氛围照明

打亮台面
照亮物品
重点照明

茶几位射灯

2~3个防眩射灯
7~10W
光束角24°

5.23 边吊客厅线性灯 + 射灯照明的设计与应用

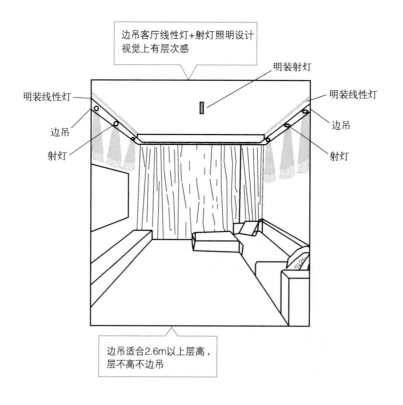

边吊客厅线性灯+射灯照明设计
视觉上有层次感

明装射灯

明装线性灯

明装线性灯

边吊

边吊

射灯

射灯

边吊适合2.6m以上层高，
层不高不边吊

5.24　边吊顶斗胆灯 + 射灯照明的设计与应用

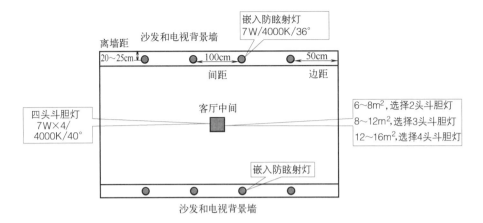

5.25　不吊顶客厅线性灯 + 射灯 + 磁吸轨道灯照明的设计与应用

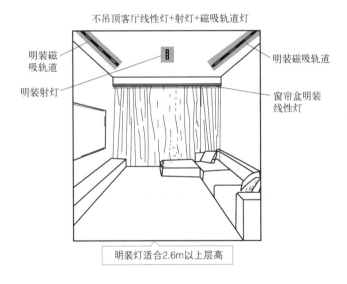

5.26　不吊顶斗胆灯 + 射灯照明的设计与应用

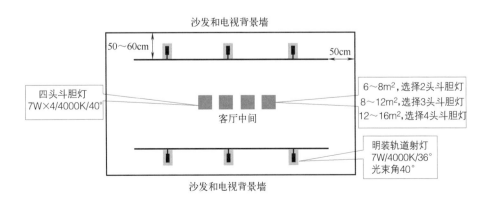

5.27 大平顶客厅线性灯＋射灯＋磁吸轨道灯照明的设计与应用

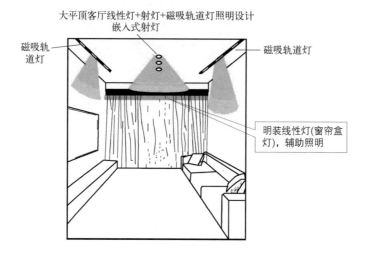

大平顶客厅线性灯+射灯+磁吸轨道灯照明设计
嵌入式射灯

磁吸轨道灯

磁吸轨道灯

明装线性灯(窗帘盒灯)，辅助照明

5.28 大平吊顶射灯＋磁吸轨道灯布灯的设计与应用

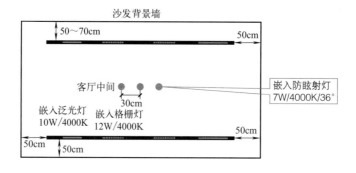

沙发背景墙

50~70cm   50cm

客厅中间

嵌入防眩射灯
7W/4000K/36°

30cm

嵌入泛光灯
10W/4000K

嵌入格栅灯
12W/4000K

50cm

50cm   50cm

5.29 回形吊顶客厅线性灯＋射灯照明的设计与应用

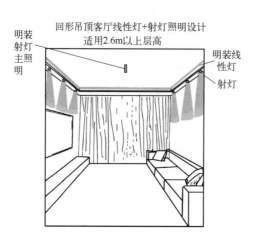

明装
射灯
主照
明

回形吊顶客厅线性灯+射灯照明设计
适用2.6m以上层高

明装线
性灯

射灯

扫码看视频

射灯的应用场效

5.30 回形吊顶斗胆灯 + 射灯照明的设计与应用

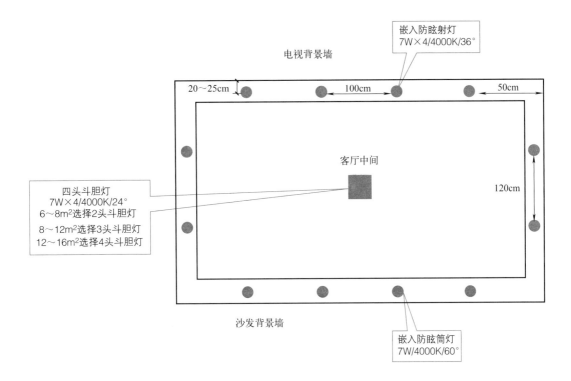

5.31 双眼皮筒灯 + 射灯照明的设计与应用

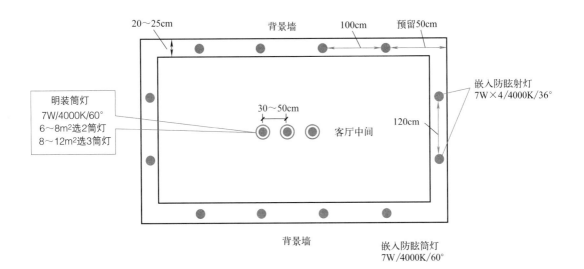

5.32 双眼皮吊顶线性灯＋射灯的设计与应用

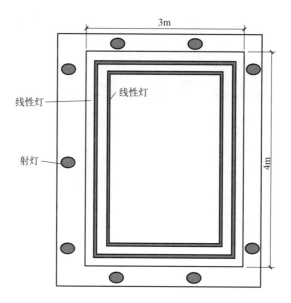

5.33 悬浮吊顶客厅线性灯＋射灯照明的设计与应用

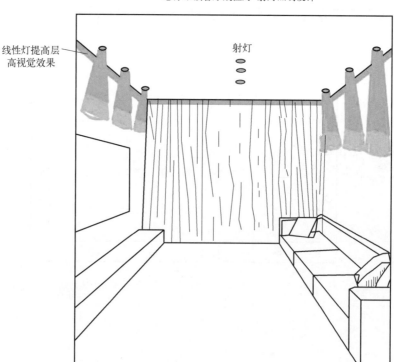

悬浮吊顶客厅线性灯+射灯照明设计

5.34　悬浮吊顶线性灯 + 射灯 + 轨道磁吸灯的设计与应用

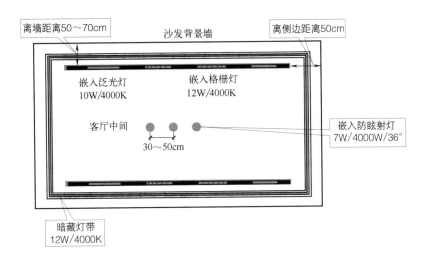

5.35　悬浮吊顶线性灯安装方式的设计与应用

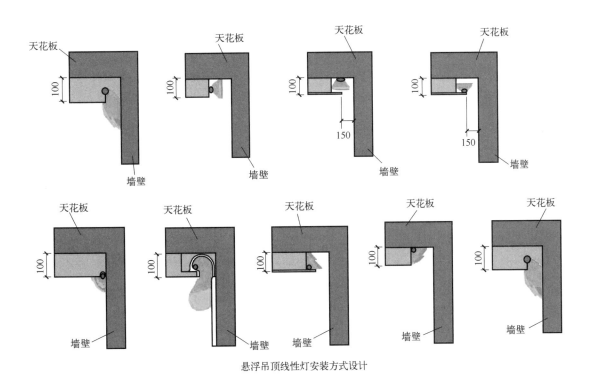

悬浮吊顶线性灯安装方式设计

5.36 客厅流水发光线性灯的设计与应用

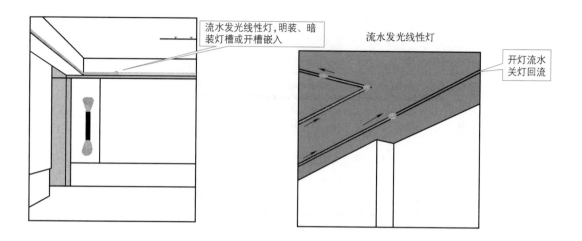

流水发光线性灯,明装、暗装灯槽或开槽嵌入

流水发光线性灯

开灯流水关灯回流

5.37 客厅流线型灯的设计与应用

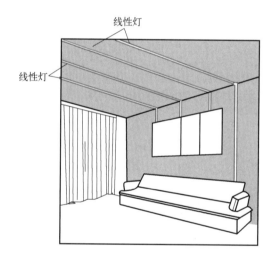

线性灯

线性灯

5.38 无边框嵌入式回光槽线条灯的设计与应用

无边框嵌入式回光槽线条灯可以用于室内客厅的照明设计

5.39　客厅无主灯筒灯数量与排列形式

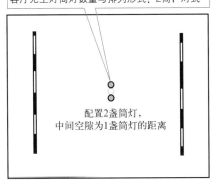

客厅无主灯筒灯数量与排列形式：2筒，对式

配置2盏筒灯，
中间空隙为1盏筒灯的距离

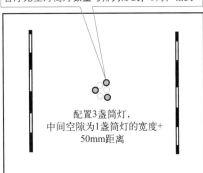

客厅无主灯筒灯数量与排列形式：3筒，钻式

配置3盏筒灯，
中间空隙为1盏筒灯的宽度+
50mm距离

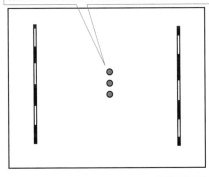

客厅无主灯筒灯数量与排列形式：3筒，一字排列

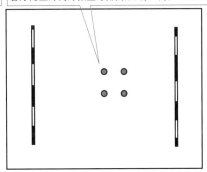

客厅无主灯筒灯数量与排列形式：4筒，正方形排列

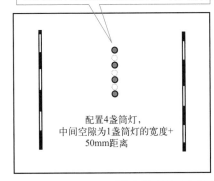

客厅无主灯筒灯数量与排列形式：4筒，线状

配置4盏筒灯，
中间空隙为1盏筒灯的宽度+
50mm距离

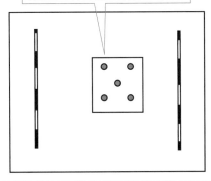

客厅无主灯筒灯数量与排列形式：5筒

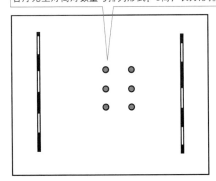

客厅无主灯筒灯数量与排列形式：6筒，长方形排列

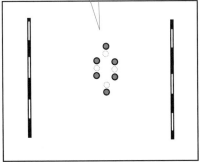

客厅无主灯筒灯数量与排列形式：6筒，莲状

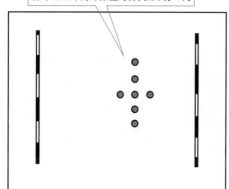

客厅无主灯筒灯数量与排列形式：7筒

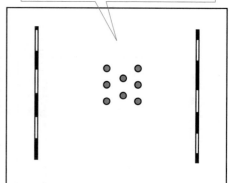

客厅无主灯筒灯数量与排列形式：8筒，H状

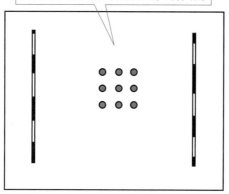

客厅无主灯筒灯数量与排列形式：9筒，聚状

5.40 卧室空间性质

卧室是供人们睡眠与休息的地方，是主人休息的私人空间

点 / 亮 / 知 / 识

卧室的照明光线要柔和。为儿童房挑选灯具时，应从独特的造型与灯光上唤起儿童的想象力。

5.41 卧室照明、灯具的搭配

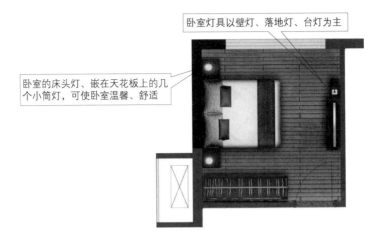

卧室灯具以壁灯、落地灯、台灯为主

卧室的床头灯、嵌在天花板上的几个小筒灯，可使卧室温馨、舒适

 点/亮/知/识

卧室照明、灯具搭配。

① 应选择眩光少的深罩型、半透明型卧室灯具。

② 卧室灯光的颜色最好是橘色、淡黄色等中性色或暖色，这样有助于营造舒适温馨的氛围。

③ 卧室中除了选择主灯外，还应有台灯、地灯、壁灯等，以起到局部照明与装饰美化小环境的作用。

④ 卧室可以采用天花灯进行重点照明。

⑤ 卧室可以采用均匀排布的筒灯作为基础照明，注意光照不宜太强，使私密性得以体现。

⑥ 卧室床头柜下或墙壁 30cm 以下设计安装地脚灯，既为夜间活动提供照明，又可以避免初醒时眼睛受强光刺激带来的不适。

⑦ 卧室梳妆台的照明，可以设计显色暖光的镜前灯，既能很好地还原肤色，又能满足梳妆所需要的亮度。

5.42 卧室灯具位置与高度尺寸

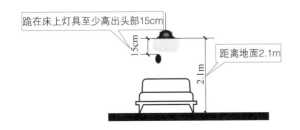

跪在床上灯具至少高出头部15cm

15cm

距离地面2.1m

2.1m

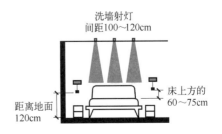

洗墙射灯
间距100～120cm

床上方的
60～75cm

距离地面
120cm

5.43 卧室床头灯布灯原则

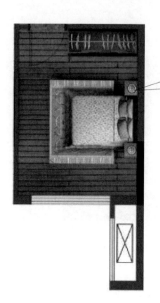

床头灯的选择，多数选择台灯、壁灯作床头灯。大小、样式、盏数等，根据装修风格、个人需要来确定

点/亮/知/识

卧室灯包括主灯、床头灯等。卧室床头灯布灯原则如下。

① 床头灯可以集普通照明、局部照明、装饰照明于一身。

② 床头灯光效应为明亮柔和、营造温馨格调、亮度适中。

③ 一般床头灯色调，应以泛着暖色、中性色为宜。

④ 多数选择台灯、壁灯作床头灯，其大小、样式、盏数等，根据装修风格、个人需要来确定。

⑤ 壁灯，常根据床大小来选择。对于大床，宜在床头两侧的墙上方各装一盏。对于小床，宜在床头正中上方安装一个双头壁灯。

⑥ 床头灯光线要柔和，灯罩材质可以采用磨砂玻璃、PVC 材料、羊皮纸、绢布等。

⑦ 床头灯开关，应设计到伸手可触的地方。

⑧ 卧室顶棚上，可以选择安装乳白色半透明的灯具构成一般照明，也可以使用间接照明营造柔和、明亮的顶棚。

⑨ 卧室床头、梳妆台，需要加上局部照明，以利于阅读、梳妆。梳妆台两侧，可以垂直设计安装低亮度的带状光源，也可以在梳妆台上部设计安装带状灯具。梳妆台光源，显色性要好，以显出人的自然肤色。

⑩ 卧室壁灯，需要能够独立地调节和开关，并且每侧的壁灯需要满足个人需要。

⑪ 卧室房间较宽敞，有写字台、沙发的情况，则可以在其上设计放置台灯或在旁边设计安装落地灯。

⑫ 卧室床头两边，也可以设计安装中等光束角的台灯。

5.44　卧室床头吊灯的高度

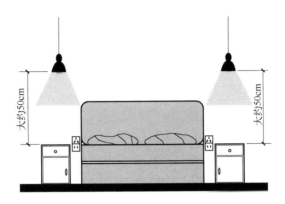

5.45　卧室床头吊灯的设计与应用

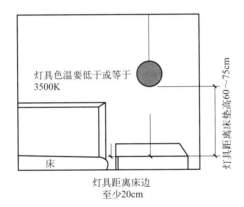

5.46　卧室墙面布局与灯的设计与应用

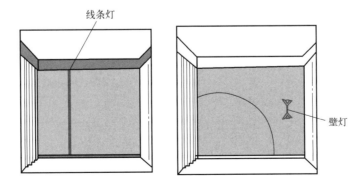

5.47 卧室布灯设计与应用

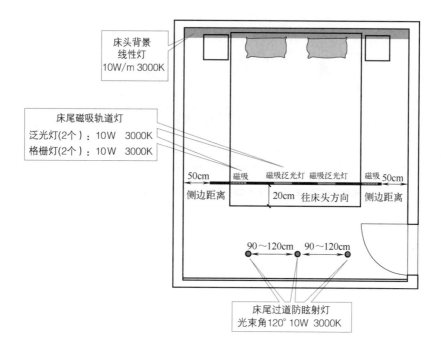

床头背景
线性灯
10W/m 3000K

床尾磁吸轨道灯
泛光灯(2个)：10W　3000K
格栅灯(2个)：10W　3000K

50cm　磁吸　磁吸泛光灯 磁吸泛光灯　磁吸 50cm
侧边距离　　20cm　往床头方向　　侧边距离

90～120cm　90～120cm

床尾过道防眩射灯
光束角120° 10W 3000K

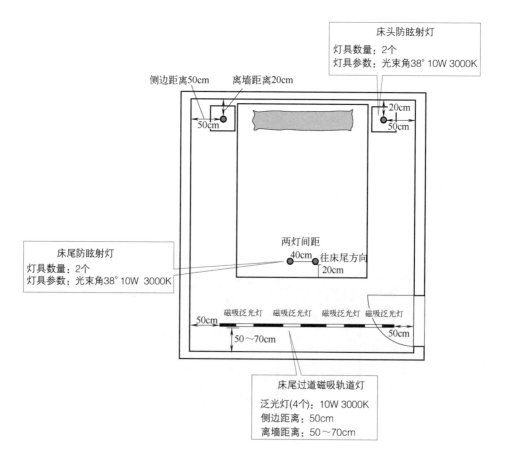

床头防眩射灯
灯具数量：2个
灯具参数：光束角38° 10W 3000K

侧边距离50cm　离墙距离20cm

20cm
50cm　　　　　　　50cm

床尾防眩射灯
灯具数量：2个
灯具参数：光束角38° 10W 3000K

两灯间距
40cm　往床尾方向
20cm

磁吸泛光灯　磁吸泛光灯　　磁吸泛光灯 磁吸泛光灯
50cm　　　　　　　　　　　　　　　50cm
50～70cm

床尾过道磁吸轨道灯
泛光灯(4个)：10W 3000K
侧边距离：50cm
离墙距离：50～70cm

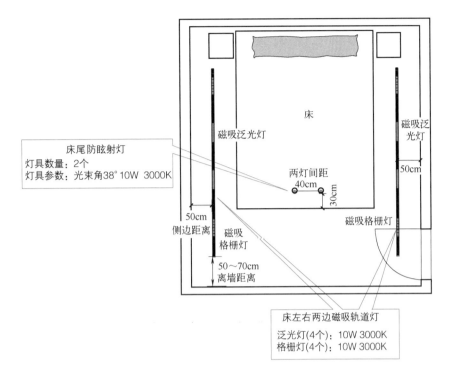

床尾防眩射灯
灯具数量：2个
灯具参数：光束角38° 10W 3000K

磁吸泛光灯

磁吸泛光灯

床

两灯间距
40cm

30cm

50cm

50cm
侧边距离

磁吸格栅灯

磁吸
格栅灯

50~70cm
离墙距离

床左右两边磁吸轨道灯

泛光灯(4个)：10W 3000K
格栅灯(4个)：10W 3000K

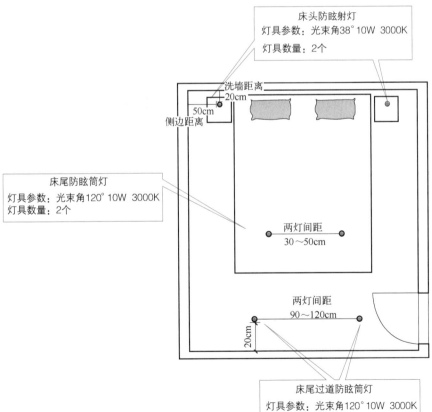

床头防眩射灯
灯具参数：光束角38° 10W 3000K
灯具数量：2个

洗墙距离
20cm
50cm
侧边距离

床尾防眩筒灯
灯具参数：光束角120° 10W 3000K
灯具数量：2个

两灯间距
30~50cm

两灯间距
90~120cm

20cm

床尾过道防眩筒灯
灯具参数：光束角120° 10W 3000K
灯具数量：2个

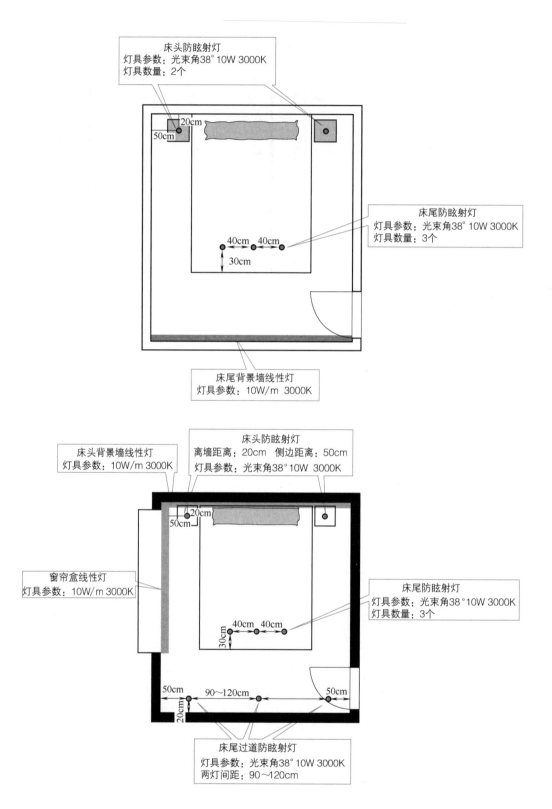

床头防眩射灯
灯具参数：光束角38°10W 3000K
灯具数量：2个

床尾防眩射灯
灯具参数：光束角38°10W 3000K
灯具数量：3个

40cm 40cm
30cm

床尾背景墙线性灯
灯具参数：10W/m 3000K

床头背景墙线性灯
灯具参数：10W/m 3000K

床头防眩射灯
离墙距离：20cm 侧边距离：50cm
灯具参数：光束角38°10W 3000K

20cm
50cm

窗帘盒线性灯
灯具参数：10W/m 3000K

床尾防眩射灯
灯具参数：光束角38°10W 3000K
灯具数量：3个

40cm 40cm
30cm

50cm   90～120cm   50cm
20cm

床尾过道防眩射灯
灯具参数：光束角38°10W 3000K
两灯间距：90～120cm

5.48　卧室打造舒适睡眠的光效氛围

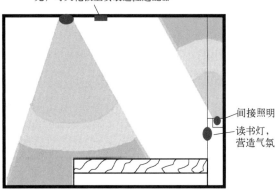

为方便在躺着的状态开关灯及调光，可天花板上安装遥控适配器

间接照明

读书灯，营造气氛

安眠最忌白色光。人躺平时不要让光源直接进入视线

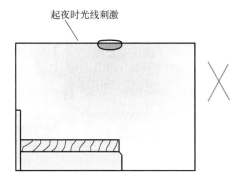

起夜时光线刺激

5.49　卧室灯光设计与应用案例

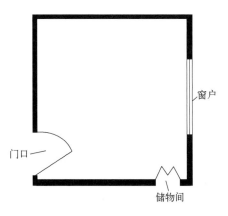

窗户

门口

储物间

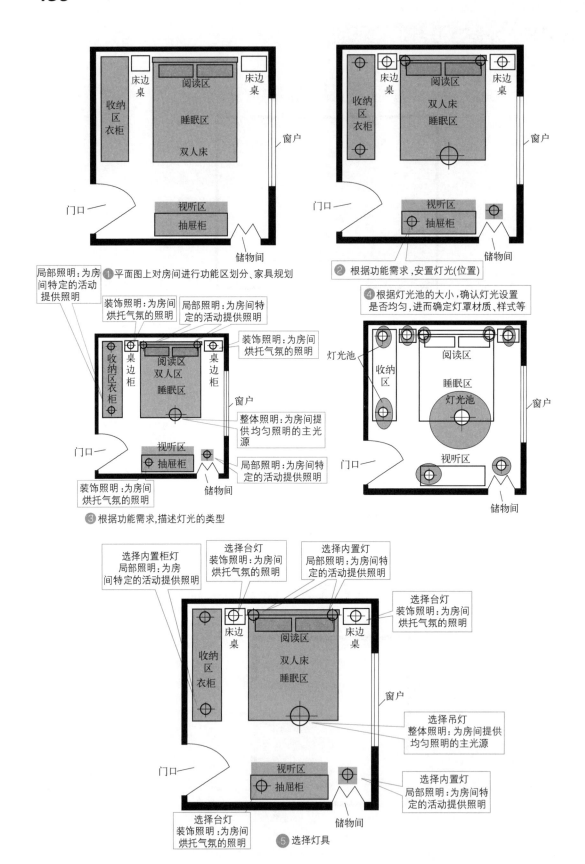

① 平面图上对房间进行功能区划分、家具规划

② 根据功能需求,安置灯光(位置)

局部照明:为房间特定的活动提供照明

装饰照明:为房间烘托气氛的照明

局部照明:为房间特定的活动提供照明

装饰照明:为房间烘托气氛的照明

整体照明:为房间提供均匀照明的主光源

局部照明:为房间特定的活动提供照明

装饰照明:为房间烘托气氛的照明

③ 根据功能需求,描述灯光的类型

④ 根据灯光池的大小,确认灯光设置是否均匀,进而确定灯罩材质、样式等

灯光池

选择内置柜灯 局部照明:为房间特定的活动提供照明

选择台灯 装饰照明:为房间烘托气氛的照明

选择内置灯 局部照明:为房间特定的活动提供照明

选择台灯 装饰照明:为房间烘托气氛的照明

选择吊灯 整体照明:为房间提供均匀照明的主光源

选择内置灯 局部照明:为房间特定的活动提供照明

选择台灯 装饰照明:为房间烘托气氛的照明

⑤ 选择灯具

点 / 亮 / 知 / 识

　　卧室灯光设计，先要在平面图上划分房间的功能区（例如睡觉区、看书区、看电视区、化妆区、衣服区、试衣区、熨烫区、上网区等），然后根据功能需求设置灯光。

　　① 睡觉区：睡眠时，房间最好没有任何光源，以便恢复体力。睡前或中途起夜，身边应设计一盏柔和漫射台灯等。

　　② 看书区：看书时如果灯光过于昏暗，则易造成视觉疲劳，有损视力。打开阅读灯的同时，旁边设计台灯，这样可以营造柔和光环境。对于双人床，应安装阅读灯，最好选择在床头中央的位置，以便一个人看书时，把灯头朝向自己，减少对伴侣的影响。

　　③ 看电视区：为了考虑夜晚躺在床上看电视，则应设计一盏散发柔和光的电视灯。

　　④ 化妆区：需要设计特有的灯，以便看清晰。专业化妆环境的镜子两侧，可以设计安装冷暖相间的灯泡，以便还原面部色彩。

　　⑤ 衣服区：衣柜上方设计灯光，以便挑选衣服。

　　⑥ 休闲区：卧室中如有沙发，则沙发旁设计放置落地灯，以营造舒缓宁静的氛围。

　　⑦ 装饰区：对于装饰品、装饰画，可设计射灯，以烘托物品，营造情调。

　　⑧ 打扫房间：设计吸顶灯或是吊灯作为房间的主光源，以便能把光均匀地洒到房间的每个角落。

5.50　梳妆台灯具的高度

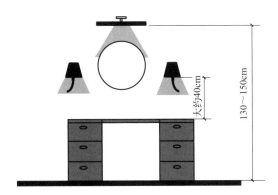

5.51　卧室灯光设计误区

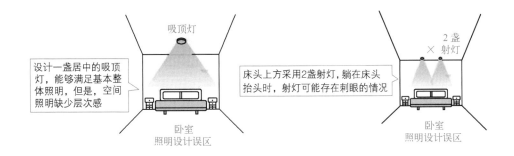

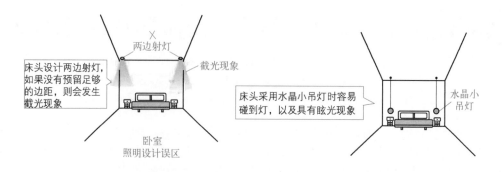

床头设计两边射灯，如果没有预留足够的边距，则会发生截光现象

两边射灯

截光现象

卧室
照明设计误区

床头采用水晶小吊灯时容易碰到灯，以及具有眩光现象

水晶小吊灯

5.52 卧室灯光推荐设计与应用

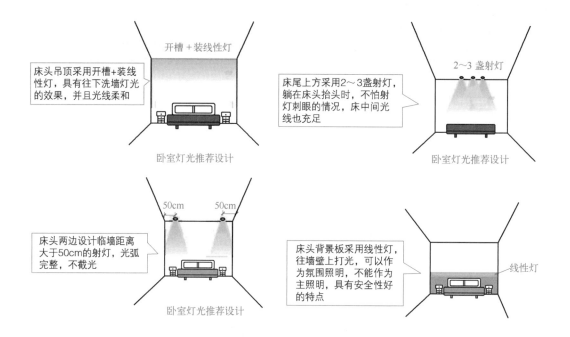

开槽＋装线性灯

床头吊顶采用开槽+装线性灯，具有往下洗墙灯光的效果，并且光线柔和

卧室灯光推荐设计

2～3盏射灯

床尾上方采用2～3盏射灯，躺在床头抬头时，不怕射灯刺眼的情况，床中间光线也充足

卧室灯光推荐设计

50cm   50cm

床头两边设计临墙距离大于50cm的射灯，光弧完整，不截光

卧室灯光推荐设计

床头背景板采用线性灯，往墙壁上打光，可以作为氛围照明，不能作为主照明，具有安全性好的特点

线性灯

5.53 卧室无主灯布灯设计与应用

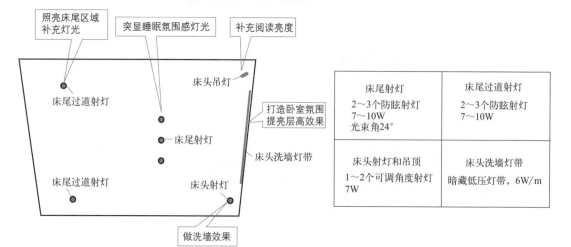

照亮床尾区域补充灯光

突显睡眠氛围感灯光

补充阅读亮度

床头吊灯

床尾过道射灯

床尾射灯

打造卧室氛围提亮层高效果

床头洗墙灯带

床尾过道射灯

床头射灯

做洗墙效果

床尾射灯	床尾过道射灯
2～3个防眩射灯 7～10W 光束角24°	2～3个防眩射灯 7～10W
床头射灯和吊顶	床头洗墙灯带
1～2个可调角度射灯 7W	暗藏低压灯带，6W/m

5.54 书房空间性质与灯具搭配

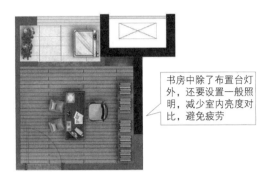

书房中除了布置台灯外，还要设置一般照明，减少室内亮度对比，避免疲劳

点／亮／知／识

书房是学习、休息的场所。书房光线要明亮。书房灯具搭配方式如下。

① 书房除了布置台灯外，还要设置一般照明，减少室内亮度对比，避免疲劳。

② 书房照明主要满足阅读、写作用，要考虑灯光的功能性。

③ 书房灯款式要简单大方，光线要柔和明亮，避免眩光。

④ 书房灯具可采用日光灯管、吸顶灯、台灯。书橱或摆饰可用射灯局部照明，以加强效果。

⑤ 书房灯具设计选择，不仅应充分考虑到亮度，而且需要考虑到外形、色彩的装饰性，以便营造具有文化氛围的学习、思考、创作环境。

⑥ 书房整体亮度照明，可以采用造型精致的吸顶灯、羊皮灯等。

⑦ 书房书桌上宜选用频闪低、显色柔和的护眼台灯。

⑧ 书房书柜内可以设计暗藏天花灯，既方便找书，又具有装饰效果。

5.55 打造爱学习的光效氛围

没有局部照明，出现背光现象

打造集中视觉作业的照明环境：原则上要采用全体照明和局部照明配合

桌上配工位照明，以帮助集中精神

用于学习与办公室的桌面照度大约为750lx
使用计算机的桌面照度大约为500lx
玩游戏等的桌面照度大约为200lx

房间全体的照明，地保持大约为100lx

天花板饰面较明亮，可以在书架上方安装间接照明，保证房间全体的亮度大约为100lx

书柜

5.56 餐厅空间性质与灯具搭配

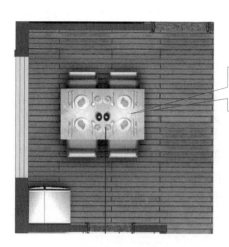

柔和的黄色光，可以使餐桌上的菜肴看起来更美味，增添家庭团聚气氛、情调

点 / 亮 / 知 / 识

餐厅是供就餐的地方。餐厅灯具搭配方式如下。

① 餐厅的灯光设计，可根据个人的喜好来进行。

② 西式餐厅追求安静、浪漫的气氛，可以采用较暗的灯光，例如吊灯、筒灯、壁灯等。

③ 中式餐厅讲究灯光明亮，可以采用嵌顶灯、吊灯、吸顶灯等照明方式。

④ 餐桌上运用暖色吊灯，可以营造温馨的用餐气氛。

⑤ 餐厅局部照明，可以采用悬挂灯具，并且选灯罩方向朝下的吊灯，以求餐厅达到需要的亮照度要求，以便用餐。

⑥ 餐厅花灯周围，可以应用几个射灯，以突显菜色。

⑦ 餐厅采用一般照明，能够使整个房间有一定程度的明亮度。

⑧ 柔和的黄色光，可以使餐桌上的菜肴看起来更美味，增添家庭团聚气氛、情调。

⑨ 通常采用一个悬挂于餐桌上方的灯具来产生照明。

⑩ 餐桌太大时，可用两个或三个小一点的灯具，灯具可以选择玻璃或塑料灯罩。

⑪ 餐桌上方悬挂的灯具最好能够调节高度，以便根据不同的情况进行调节到合适位置。

5.57　餐厅吊灯与餐桌面的距离

餐厅吊灯的高度距离桌面
65～85cm

 点 / 亮 / 知 / 识

餐厅吊灯与餐桌面的距离参考数据，不同场景不尽相同。实际设计时，应参考边界，也就是在边界范围内，根据层高、身高、特点、预留等灵活调整选取。

5.58 餐厅无主灯布灯设计与应用

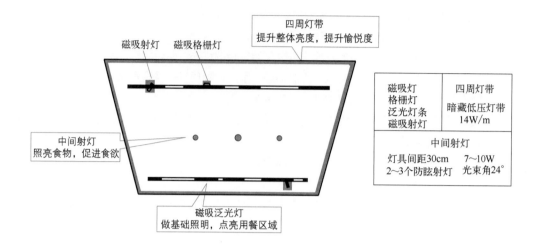

磁吸射灯　磁吸格栅灯

四周灯带
提升整体亮度，提升愉悦度

中间射灯
照亮食物，促进食欲

磁吸泛光灯
做基础照明，点亮用餐区域

磁吸灯 格栅灯 泛光灯条 磁吸射灯	四周灯带 暗藏低压灯带 14W/m
中间射灯	
灯具间距30cm　　7～10W 2～3个防眩射灯　　光束角24°	

5.59 餐厅布灯设计与应用

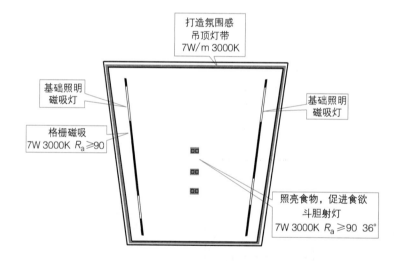

打造氛围感
吊顶灯带
7W/m 3000K

基础照明
磁吸灯

基础照明
磁吸灯

格栅磁吸
7W 3000K R_a≥90

照亮食物，促进食欲
斗胆射灯
7W 3000K R_a≥90　36°

5.60 厨房空间性质与灯具搭配

厨房灯具以嵌顶灯、筒灯、吸顶灯为主

点 / 亮 / 知 / 识

厨房是供做饭炒菜的地方。厨房灯具搭配方式如下。

① 厨房一般要求光线明亮柔和，有利于人们在厨房内操作。

② 厨房灯具以嵌顶灯、筒灯、吸顶灯为主。

③ 厨房切菜、烹调部位，可在吊柜与墙面交界处设辅助照明，以有利于操作。

④ 厨房中宜采用冷色调白光灯，吸顶灯、嵌入式灯具较适合。

⑤ 厨房洗浴盆或工作台上采用灯具，以便提供充足光线。

⑥ 厨房中需要特别照明的地方，也可安装壁灯、轨道灯。

⑦ 对于厨房，应设计选择有散射光的防油烟吸顶灯。

⑧ 厨房灯具的位置，应尽可能地远离灶台，以避开蒸汽、油烟，满足安全需要。

⑨ 厨房灯具的造型应尽可能地简单，以方便擦拭。

⑩ 厨房灯具通常以防水、防油烟、易清洁为原则。

⑪ 厨房的照明，应要求没有阴影。为此，水平面或垂直面都需要有一定的照度。

⑫ 为避免厨房照明有阴影，有的需要设计局部照明。

⑬ 厨房食物多，为了辨别食物新鲜与否，为此，一般照明与局部照明要选用高显色指数的光源。

⑭ 为了节能，厨房中大多选择荧光灯。

⑮ 厨房橱柜里可以设计暗藏灯，以方便看清柜内物品，易于取用。

5.61　厨房灯的高度

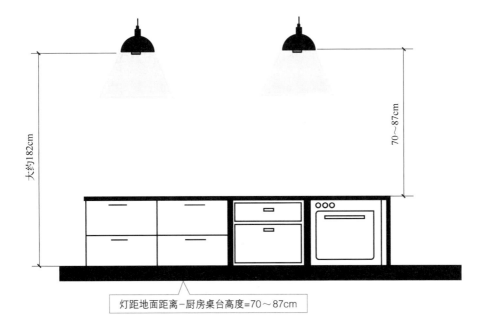

5.62　厨房灯具色温的要求

厨房灯具色温3000~4000K才不刺眼

5.63　封闭厨房吊柜下方灯的设计与应用

仅有整体照明,往往出现背光现象

手边灯,可以选择白色荧光灯,或者LED灯

封闭厨房吊柜下方灯的设计,避免操作区出现背光现象

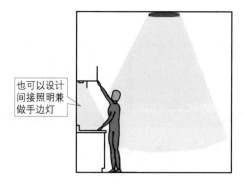

也可以设计间接照明兼做手边灯

5.64　开放厨房照明灯的设计与应用

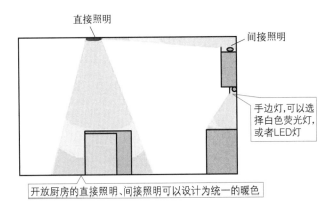

直接照明

间接照明

手边灯,可以选择白色荧光灯,或者LED灯

开放厨房的直接照明、间接照明可以设计为统一的暖色

5.65　厨房照明布灯设计与应用

4.6m² 单边厨房照明设计布灯

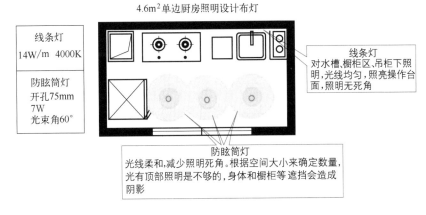

线条灯
14W/m　4000K

防眩筒灯
开孔75mm
7W
光束角60°

线条灯
对水槽、橱柜区、吊柜下照明,光线均匀,照亮操作台面,照明无死角

防眩筒灯
光线柔和,减少照明死角。根据空间大小来确定数量,光有顶部照明是不够的,身体和橱柜等遮挡会造成阴影

4.3m² L形厨房照明设计布灯

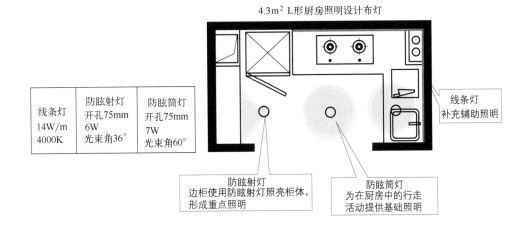

线条灯 14W/m 4000K	防眩射灯 开孔75mm 6W 光束角36°	防眩筒灯 开孔75mm 7W 光束角60°

线条灯
补充辅助照明

防眩射灯
边柜使用防眩射灯照亮柜体,形成重点照明

防眩筒灯
为在厨房中的行走活动提供基础照明

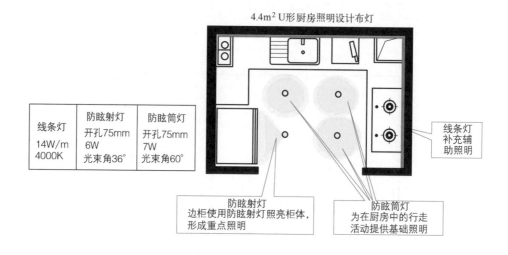

4.4m² U形厨房照明设计布灯

线条灯	防眩射灯	防眩筒灯
14W/m	开孔75mm	开孔75mm
4000K	6W	7W
	光束角36°	光束角60°

线条灯
补充辅助照明

防眩射灯
边柜使用防眩射灯照亮柜体，
形成重点照明

防眩筒灯
为在厨房中的行走
活动提供基础照明

4.5m² 双边型厨房照明设计布灯

线条灯
补充辅助照明

线条灯

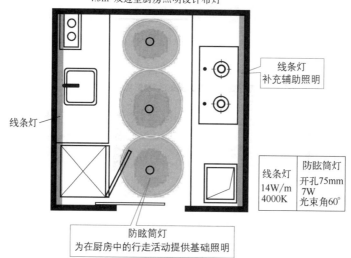

线条灯	防眩筒灯
14W/m	开孔75mm
4000K	7W
	光束角60°

防眩筒灯
为在厨房中的行走活动提供基础照明

7.2m² 大双边型厨房照明设计布灯

防眩射灯
形成重点照明

防眩射灯
形成重点照明

线条灯
补充辅助照明

线条灯
补充辅助照明

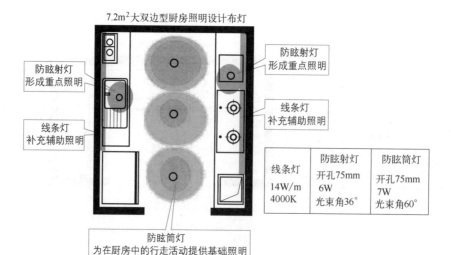

线条灯	防眩射灯	防眩筒灯
14W/m	开孔75mm	开孔75mm
4000K	6W	7W
	光束角36°	光束角60°

防眩筒灯
为在厨房中的行走活动提供基础照明

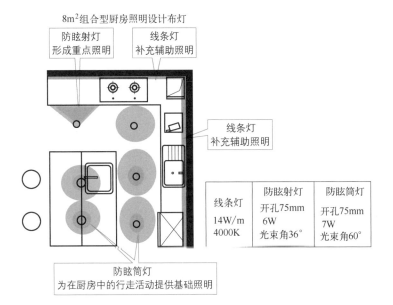

8m²组合型厨房照明设计布灯

防眩射灯
形成重点照明

线条灯
补充辅助照明

线条灯
补充辅助照明

防眩筒灯
为在厨房中的行走活动提供基础照明

线条灯 14W/m 4000K	防眩射灯 开孔75mm 6W 光束角36°	防眩筒灯 开孔75mm 7W 光束角60°

5.66　卫浴间、盥洗室灯具搭配

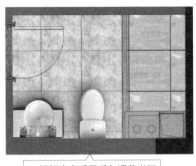

卫浴间中宜采用暖色调黄光灯

点/亮/知/识

卫浴间灯具搭配方式如下。

① 卫浴间天花上采用吸顶灯、筒灯。

② 卫浴间化妆镜上方安装一个长方形镜前灯，化妆镜两侧可设置辅助灯光，以便使化妆效果更好。

③ 卫浴间内因有水管，往往需要吊顶，因此建议采用吸顶灯、筒灯、嵌入式灯具。

④ 卫浴间采用的冷色灯光或暖色灯光，需要依据设计风格而确定。

⑤ 卫浴间需要明亮柔和的光线，顶灯应避免接装在浴缸上部。

⑥ 卫浴间灯具应选用防潮型的，以塑料等材质为佳，灯罩也宜选用密封式的。

⑦ 卫浴间内可以防水吸顶灯为主灯，射灯为辅灯。

⑧ 卫浴间内也可以直接使用多个射灯从不同角度照射，带来丰富的层次感。

⑨ 卫浴间内如果有洗手台、坐厕、淋浴区等区域，则不同的功能区可用不同的灯光布置。洗手台的灯光，一般以突出功能性为主。镜子上方与周边可安装射灯或日光灯，以方便梳洗与剃须。淋浴房或浴缸处的灯光，可以用天花板上射灯的光线照射，也可以用低处照射的光线营造温馨轻松的气氛。

⑩ 盥洗室内要求良好的一般照明，也要求良好的局部照明。

⑪ 盥洗室内的一般照明要足够强，以保证能透过淋浴间的帘子或挡屏。盥洗室内可以选择吸顶灯来提供一般照明。

⑫ 盥洗室内镜子的两边垂直方向可以安装两个灯具，也可以在镜子的上方使用面光源，以便提供局部照明。为再现人的肤色，需要采用显色性好的光源。

⑬ 盥洗室中有水汽，为此，墙上安装的开关最好装在盥洗室门外的墙上，还应采用密闭的灯具等。

5.67 浴室灯具位置与高度尺寸

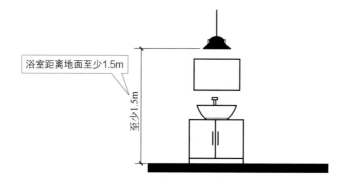

5.68 卫生间光效设计与应用

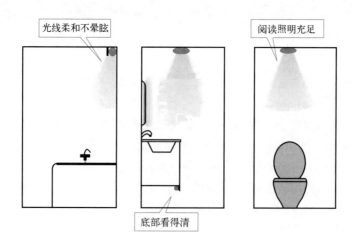

5.69　卫生间打造白天和黑夜自动调光的光效氛围

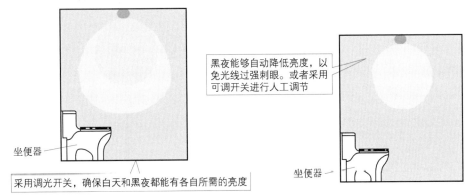

白天的亮度大约为75lx

黑夜能够自动降低亮度，以免光线过强刺眼。或者采用可调开关进行人工调节

坐便器

坐便器

采用调光开关，确保白天和黑夜都能有各自所需的亮度

5.70　衣帽间无主灯布灯设计与应用

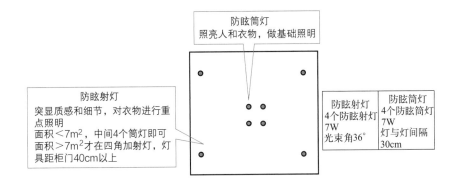

防眩筒灯
照亮人和衣物，做基础照明

防眩射灯
突显质感和细节，对衣物进行重点照明
面积＜7m²，中间4个筒灯即可
面积＞7m²才在四角加射灯，灯具距柜门40cm以上

防眩射灯	防眩筒灯
4个防眩射灯 7W 光束角36°	4个防眩筒灯 7W 灯与灯间隔30cm

5.71　玄关过廊灯具搭配

玄关过廊可设装小射灯、吊灯、吸顶灯、吊顶后根据顶的样式安装荧光灯，以及安装筒灯改善采光

 点/亮/知/识

走廊需要充足光线，可设用带有调光装置的灯光，以便随时调整灯光强弱。

5.72　玄关常见灯光设计与应用

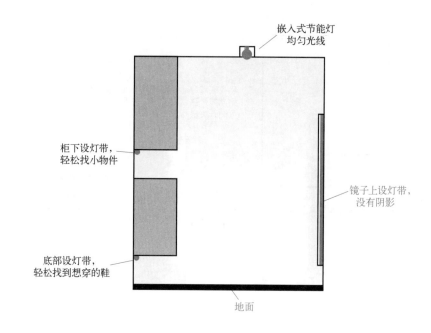

嵌入式节能灯
均匀光线

柜下设灯带,
轻松找小物件

镜子上设灯带,
没有阴影

底部设灯带,
轻松找到想穿的鞋

地面

5.73　走廊的光效设计与应用

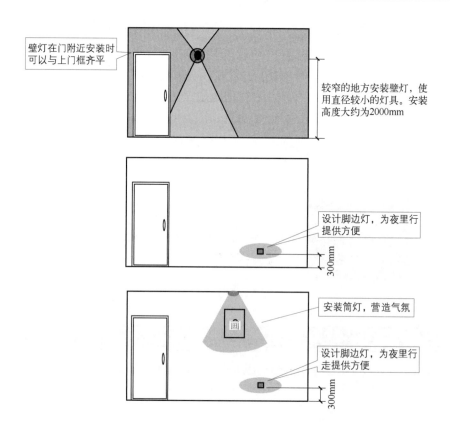

壁灯在门附近安装时
可以与上门框齐平

较窄的地方安装壁灯,使
用直径较小的灯具。安装
高度大约为2000mm

设计脚边灯,为夜里行
提供方便

300mm

安装筒灯,营造气氛

设计脚边灯,为夜里行
走提供方便

300mm

5.74　走廊线性灯设计与应用

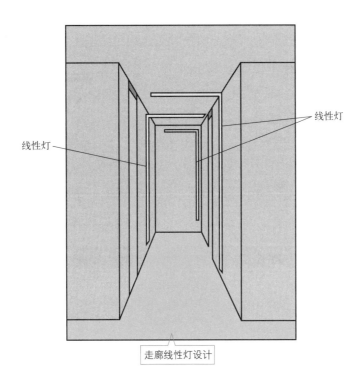

线性灯

线性灯

走廊线性灯设计

5.75　无主灯走廊光效的设计与应用

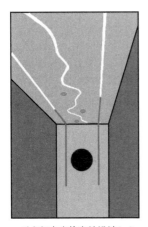 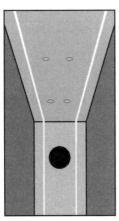 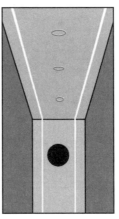 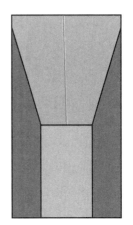

无主灯走廊的光效设计(一)　无主灯走廊的光效设计(二)　无主灯走廊的光效设计(三)　无主灯走廊的光效设计(四)

5.76 门厅灯具搭配

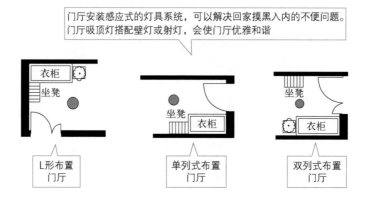

门厅安装感应式的灯具系统，可以解决回家摸黑入内的不便问题。门厅吸顶灯搭配壁灯或射灯，会使门厅优雅和谐

L形布置门厅　单列式布置门厅　双列式布置门厅

 点/亮/知/识

门厅灯具搭配方式如下。

① 门厅是进入室内给人最初印象的地方，灯光要明亮。

② 门厅灯具的位置要设计在进门处和深入室内空间的交界位置。

③ 门厅柜上或墙上安装灯，会使门厅内有宽阔感。

5.77 门厅灯具高度的估算

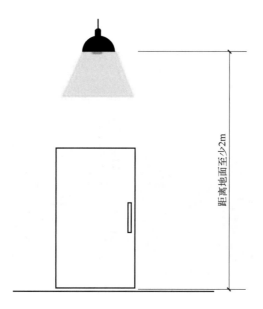

距离地面至少2m

5.78　阳台的灯具搭配

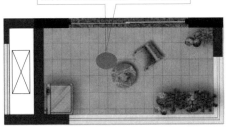

阳台上通常需要安装一般照明灯具

 点 / 亮 / 知 / 识

　　若阳台空间大，可以在阳台上设置鱼池或水池，除了安装明亮的吸顶灯或户外灯式的壁灯外，还可以在水池内安装一支蓝光的水族灯管。

5.79　楼梯灯设计形式

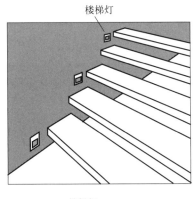

楼梯灯

楼梯灯

楼梯灯

楼梯灯

5.80 柜子内部布灯方式

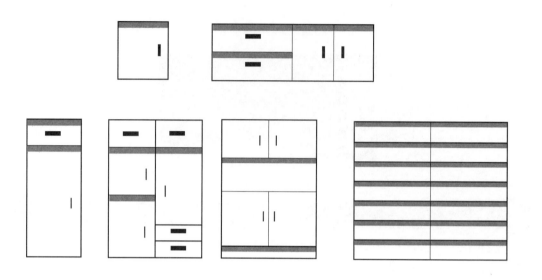

5.81 带灯窗帘盒的设计与应用

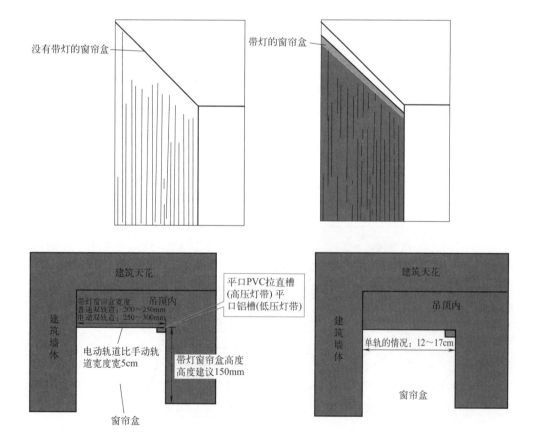

5.82　带灯窗帘盒灯的安装形式

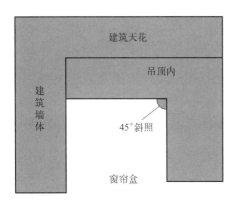

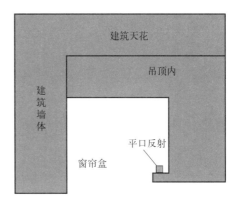

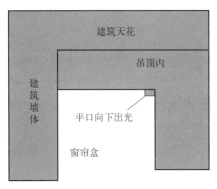

第 6 章 ▶▶▶
商业办公与特定环境照明设计与应用

6.1　酒店、商场光源色温的应用

酒店、商场光源色温的应用

光源属性	应　　用
暖白	酒店：楼梯、电梯、前台、大堂、餐厅、客房、内部走道、厕所等 商场：收银台、内外走道、商铺、电梯、楼梯等
中性	商场：走道、大厅、商铺、楼道等
冷白	酒店：入口、外走道等 商场：电梯、大厅、商铺、外走道等

 点 / 亮 / 知 / 识

　　商场基础照明，可以大量采用格栅灯、筒灯，以产生和谐的色彩视觉感。商场在灯的设计布局上，常采用低灯位，以便顾客在购物环境中既愉悦，又能够激发购物欲望。

6.2　商场空间照明的照度比

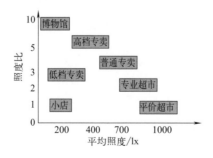

点 / 亮 / 知 / 识

照度比就是重点照明和基础照明的比值。

6.3　商场商店照明的分区

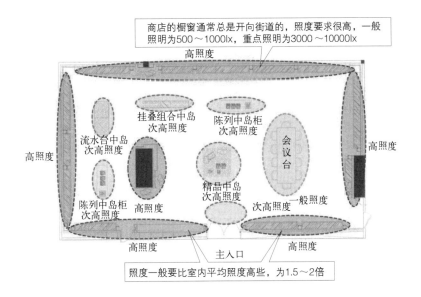

点 / 亮 / 知 / 识

商场中采取分区照明，可以一般照明辅以重点投光的照明方式，既能创造商店的明亮舒适感，又能增强商业的吸引力气氛。

6.4　各年龄层次与商业照明的要求

各年龄层次与商业照明的要求

年　　龄	照明要求	展示物品、目的
婴儿	非常柔和的暖色调的漫射照明，点射灯突出重点	精制柔软的棉纺品、羊毛制品，优雅的环境
学龄前儿童	漫射照明和定向照明相融合，暖色调	玩具，幻想中的小动物、小精灵
少年	充满色彩的动态照明，适当的对比度，装饰效果优于功能照明	反射性材料，小型自行车，太空旅行相关的事物

续表

年　龄	照明要求	展示物品、目的
青年	动态，强烈对比的定向照明，带一些色彩的功能照明	运动器材，休闲物品，艺术的浪漫的超现实主义
中年	隐蔽得很好的定向漫射照明，略带一些浪漫的色彩	20 世纪 50 ～ 60 年代的艺术品，实用物品
老年	隐蔽得很好的定向漫射照明，略带一些浪漫的色彩，但照度略高	大自然，共性的物品

6.5　不同商品对照明的要求

不同商品对照明的要求

商　品	照明要求
小商品	垂直照度与水平照度相平衡，均匀。光源的色温与使用环境色温相近，防止眩光
玩具	用定向照明把它从背景中突出一定的对比，突出表面的光泽及立体感
植物花卉	合适的照度来表现生长感、新鲜感
糖果糕点	要表现出新鲜感，引起食欲、温暖、轻松、愉快的背景，可用接近肤色的滤色光来增加自然的暖色
瓜果蔬菜	背景要暗，红色、黄色等深色物品用 3300K 左右的暖色光，绿色等浅色物品用 4500 ～ 5500K 的冷白色灯光
纺织品	均匀的垂直照度，水平照度，显色性好，注意褪色
皮革（鞋）	垂直照度与水平照度相接近，能表现出其外形及凹凸感、立体感
珠宝钟表	用窄光束投射，背景暗，注重效果
陶瓷及半透明器皿	用定向照明突出其质地，半透明感，必须避免强烈的对比和阴影
明器、器皿	环境照明烘托其飘逸的感觉

6.6　商场区域照明的要求

商场区域照明的要求

区　域	照明要求
收银台	满足操作要求
周边照明	拓展限定商品销售空间，并提供沿墙展示必要的竖向照明，使空间整体上感觉更大，目的是将顾客从主要通道吸引到销售区
天花板照明	拓展了空间，视觉上提升了天花高度，并通过长长的、没有阴影的、没有中断的光形成的线条，创造开敞感
试衣间照明	应清楚展示商品的形式和纹理，使商品颜色真实自然
指示照明	让顾客很方便地购物及流动
展示橱窗照明	通过戏剧性打动顾客，使用白色强光或彩光，通过均匀饱和的照明吸引经过者
展示柜照明	照亮玻璃柜内或敞开货柜和货架上的商品

6.7　商业办公照明灯具的设计与应用

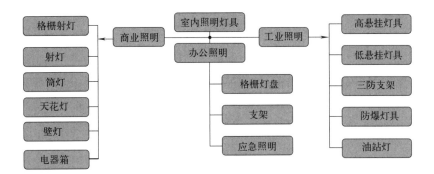

 点/亮/知/识

　　多数办公室工作作业面是水平的，离地面的高度为 0.75～0.85m。办公室一般照明的情况，非工作区的平均照度不应低于工作区的一半。办公室两个相邻的区域，平均照度的比值不能超过 5∶1。办公室各种视觉作业与其相邻近的背景间亮度比应小于 3∶1 而大于 1∶1。

6.8　适合商业照明的光源

适合商业照明的光源

光源种类	光效/（lm/W）	显色指数	色温	平均寿命/h
三基色日光灯	96	80～98	全系列	10000
LED灯	80～249	70	全系列	100000
白炽灯	15	100	2800	1000
石英卤素灯	25	100	3000	2000～3000
PL节能灯	85	85	2700～5300	8000～12000
金属卤化物灯	75～95	65～92	3000～5600	6000～20000

6.9　重点照明与基础照明的比例

重点照明与基础照明比例照明效果

重点照明与基础照明比例	照明效果
2∶1	明显的
5∶1	低戏剧性的
15∶1	戏剧性的
30∶1	生动的
50∶1	非常生动的

点/亮/知/识

　　商业的基础照明要与重点照明有一定的比例。在店内，基础照明应营造一定的风格，不但需要考虑水平照度，而且需要考虑垂直照度。首饰柜台上方采用射灯、柜台内采用荧光灯和射灯等，以便把首饰照得绚丽夺目，惹人喜爱。女装区可以采用射灯与一般照明灯组合，以增加垂直照度，突出服装的立体效果。重点照明的照度，通常要比一般照明的照度高出 3 ~ 5 倍，有的甚至 20 ~ 30 倍。商业的装饰照明的照度不宜过高，并且需要与一般照明和重点照明相协调。

6.10　商场照明设计应用参考要求

商场照明设计应用参考要求

项　　目	参考要求
商场休息区	色温要求：3000K 左右 显色要求：$R_a > 85$
商场收银台	照度要求：一般取 750 ~ 1000lx
商场珠宝首饰	照度要求：1000lx 色温要求：< 3000K 显色要求：$R_a > 90$
商场食品	照度要求：1000lx（在商品上） 色温要求：3000 ~ 4000K 显色要求：$R_a > 80$
商场生鲜	照度要求：1000lx（在物体上） 色温要求：4000K 显色要求：$R_a > 80$
商场面包	照度要求：1000lx（在商品上） 色温要求：2500 ~ 3000K 显色要求：$R_a > 80$
商场蔬果	照度要求：1000lx（在商品上） 色温要求：2500 ~ 3000K 显色要求：$R_a > 85$
商场鲜花植物	照度要求：1000lx（在商品上） 色温要求：2500 ~ 3000K 显色要求：$R_a > 85$

续表

项　目	参考要求
商场皮革或服装店	照度要求：500～1000lx（折扣店），300～500lx（专卖店），100～300lx（时尚专卖店） 色温要求：300～4000K 显色要求：$R_a > 85$
商场大众服装	照度要求：>750lx（在商品上） 色温要求：4300～6400K 显色要求：$R_a > 80$
商场美食店	照度要求：300lx 色温要求：<4000K 显色要求：$R_a > 80$
商场图书	照度要求：500lx 色温要求：>4000K 显色要求：$R_a > 80$
商场高档超市销售区	照度要求：100～300lx 色温要求：2700～3000K 显色要求：$R_a > 80$
仓储式超市商场超市销售区	照度要求：500～1000lx 色温要求：4000K 显色要求：$R_a > 80$

6.11 客房照明的设计与应用

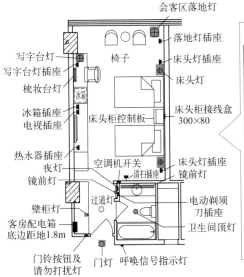

客房照明平面

客房灯具要求		
名称	灯具类型	说明
地脚夜灯	电致发光板	安装在床头柜下部或进口小过道墙面底部
顶灯		通常不设置
卫生间顶灯	吸顶灯、筒灯	防水防潮灯具
卫生间镜前灯	荧光灯槽、筒灯、壁灯	安装在化妆镜上方，三星级以上旅馆显色指数要大于8，采用防水防潮灯具
过道灯	筒灯、吸顶灯	
床头灯	台灯、壁灯、导轨灯、射灯、筒灯	床头灯可调光，最大照度不低于150lx
梳妆台灯	壁灯、筒灯	灯安装在镜子上方并与梳妆台配套制作
写字台灯	台灯、壁灯	
会客区灯	落地灯、台灯	设在沙发、茶几处，色温以暖色调为主。一般活动区域不低于75lx，显色指数要大于80
窗帘盒灯	荧光灯	模仿自然光效果，夜晚从远处看，起到泛光照明的作用
壁柜灯		设在壁柜内，将灯开关（微动限位开关）装设在门上，开门灯亮，关门灯灭，应有防火措施

6.12 舞台灯照明的设计与应用

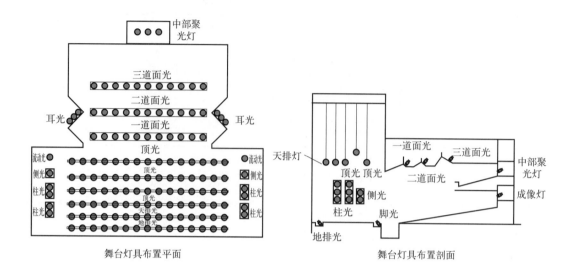

舞台灯具布置平面   舞台灯具布置剖面

各种演出内容的照明方式

演出种类	照明方式
歌舞	以均匀的白色为主，有较少的灯光变化
讲演与会议	音响效果第一，照明次之，以均匀的白色为主
音乐会	以均匀的白色为主，对讲台进行照明
短剧	舞台装置多，照明效果要求高，使用多种照明器具，有较多的灯饰配合演出变化
古典芭蕾	背景较多，部分均匀照明，为了突出立体感，进行多方向照射，有较多的照明变化
歌剧	立体舞台照明，以局部照明为主，要求光亮丰富
现代舞	立体舞台照明，以局部照明为主，明亮变化多，变化迅速

舞台灯光分类及要求

分类	场所	照明目的	灯具	灯泡功率/W	使用状态
顶光	舞台前部可升降的吊杆或吊桥上	对天幕、纱幕、会议照明	泛光灯，聚光灯	400～1000	可移动
	舞台前顶部可升降的吊杆或吊桥上	对舞台均匀整体照明，是舞台主要照明灯光	无透镜聚光灯，泛光灯，近程轮廓聚光灯	300～1000	可移动
天排灯	舞台后天幕上部的吊杆上	上空布景照明，表现自然现象，要求光色变换	泛光灯，幻灯	300～1000	固定
地排光	舞台后部地板槽内	仰射天幕，表现地平线上的自然现象	地排灯，泛光灯	400～1000	固定、移动
侧光	舞台两侧天桥上	作为面光的补充，演出者的辅助照明，并可加强布景层次的透视感	无透镜回光灯，聚光灯柔光灯，透镜聚光灯	500～1000	固定 移动

续表

分类	场所	照明目的	灯具	灯泡功率 /W	使用状态
柱光	舞台大幕内两侧的活动台口或铁架上	投光照明，投光范围和角度可调节，照明表演区的中后部，弥补面光耳光的不足	近程轮廓聚光灯，中程无透镜回光灯	500～1000	固定 移动
流动光	舞台口两翼边幕处塔架上	追光照明，投光范围和角度可调节，加强表演区局部照明	舞台追光灯，低压追光灯	750～1000	固定 移动
一道面光	观众厅的顶部	投射舞台前部表演区，投光范围和角度可调节	轮廓聚光灯，无透镜聚光灯，少数采用回光灯	750～1000	固定
二、三道面光					
中部聚光灯	观众厅后部	主要投射表演者	远程轮廓聚光灯	750～2000	固定
成像灯	观众厅一层后部	表现雨、雪、云、波涛等自然现象的照明器具	投景灯	70～1200	固定
紫外光	舞台上空	表现水中景象等	长波紫外线灯	300～500	移动 固定
激光	舞台两侧	可呈现文字、图像等千变万化的特技效果，增强艺术魅力	激光器		固定
电脑灯光	舞台两侧	任意设定程式，任意改变颜色		150～1200	
耳光	安装于大幕外靠近台口两侧的位置	照射表演区，加强舞台布景、道具、人物的立体感	轮廓聚光灯，无透镜回灯光，透镜聚光灯	500～1000	固定
脚光	舞台前沿台板处	演出者的辅助照明和大幕下部照明，弥补顶光和侧光的不足	泛光灯	60～200	固定

6.13　展厅照明布灯的设计与应用

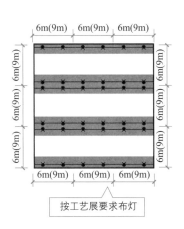
按工艺展要求布灯

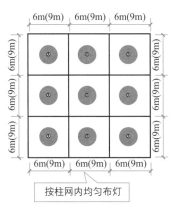
按柱网内均匀布灯

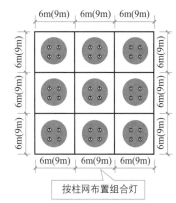
按柱网布置组合灯

6.14 消防控制室照明的设计与应用

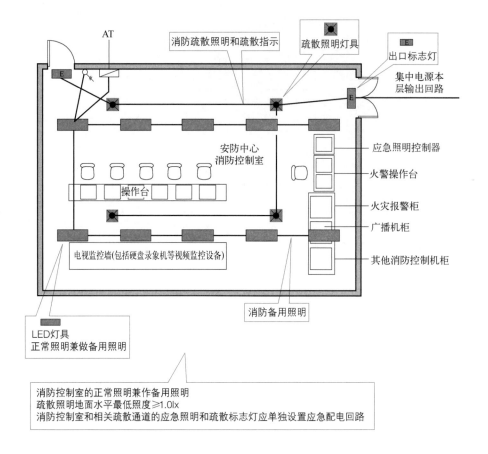

消防控制室的正常照明兼作备用照明
疏散照明地面水平最低照度≥1.0lx
消防控制室和相关疏散通道的应急照明和疏散标志灯应单独设置应急配电回路

6.15 黑板灯照明的设计与应用

黑板灯位置参照表	
灯具安装高度h/m	灯具距黑板距离d/m
2.6	0.6
2.7	0.7
2.8	0.8
3.0	0.9
3.2	1.1
3.4	1.2
3.6	1.3

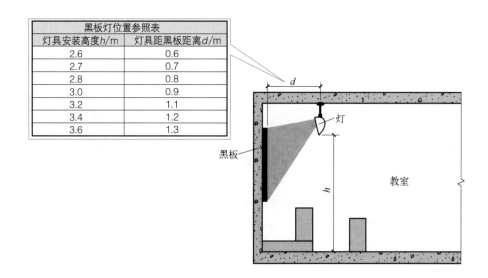

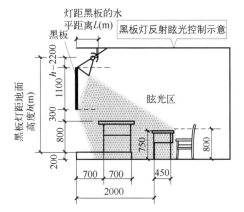

6.16 体育场馆照度均匀度的要求

无电视转播要求的体育场馆，其比赛时场地的照度均匀度的要求

专业比赛时，场地水平照度最小值与最大值之比不应小于0.5，最小值与平均值之比不应小于0.7
业余比赛时，场地水平照度最小值与最大值之比不应小于0.4，最小值与平均值之比不应小于0.6

有电视转播要求的体育场馆，其比赛时场地的照度均匀度的要求

比赛场地主摄像机方向的垂直照度最小值与最大值之比不应小于0.4
比赛场地主摄像机方向的垂直照度最小值与平均值之比不应小于0.6
比赛场地水平照度最小值与最大值之比不应小于0.5
比赛场地水平照度最小值与平均值之比不应小于0.7
比赛场地平均水平照度宜为平均垂直照度的0.75～2.0倍
观众席前排的垂直照度值不宜小于场地垂直照度的0.25倍

6.17 道路照明的要求与布置

双侧交错布置

灯具的配光类型、布置方式与灯具的安装高度、间距的关系

配光类型	截光型		半截光型		非截光型	
布置方式	安装高度 H/m	间距 S/m	安装高度 H/m	间距 S/m	安装高度 H/m	间距 S/m
单侧布置	$H \geqslant W$	$S \leqslant 3H$	$H \geqslant 1.2W$	$S \leqslant 3.5H$	$H \geqslant 1.4W$	$S \leqslant 4H$
双侧交错布置	$H \geqslant 0.7W$	$S \leqslant 3H$	$H \geqslant 0.8W$	$S \leqslant 3.5H$	$H \geqslant 0.9W$	$S \leqslant 4H$
双侧对称布置	$H \geqslant 0.5W$	$S \leqslant 3H$	$H \geqslant 0.6W$	$S \leqslant 3.5H$	$H \geqslant 0.7W$	$S \leqslant 4H$

注：W为路面有效宽度(m)。

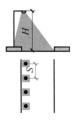

单侧布置

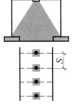

横向悬索布置

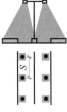

中心对称布置

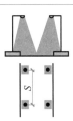

双侧对称布置

精通篇

第 7 章 ▶▶
照明设计应用计算

7.1 家居房间方形灯长度与宽度的估算选择

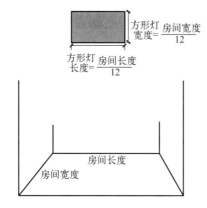

方形灯
宽度= $\dfrac{房间宽度}{12}$

方形灯
长度= $\dfrac{房间长度}{12}$

房间长度

房间宽度

7.2 家居房间圆形灯直径的估算选择

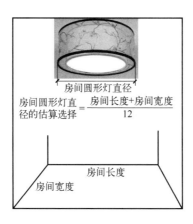

房间圆形灯直径

房间圆形灯直
径的估算选择 = $\dfrac{房间长度+房间宽度}{12}$

房间长度

房间宽度

7.3 家居房间圆形吸顶灯直径的估算选择

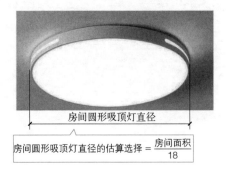

房间圆形吸顶灯直径

房间圆形吸顶灯直径的估算选择 = $\dfrac{\text{房间面积}}{18}$

7.4 家居房间需要灯亮度的估算选择

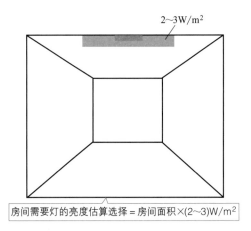

$2\sim3\text{W/m}^2$

房间需要灯的亮度估算选择 = 房间面积×$(2\sim3)\text{W/m}^2$

7.5 家居房间多层灯本身高度的估算选择

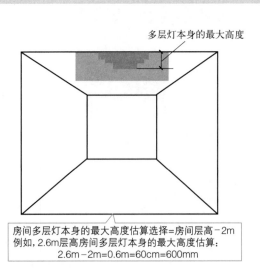

多层灯本身的最大高度

房间多层灯本身的最大高度估算选择=房间层高−2m
例如，2.6m层高房间多层灯本身的最大高度估算：
2.6m−2m=0.6m=60cm=600mm

7.6 家居房间多层灯本身直径的估算选择

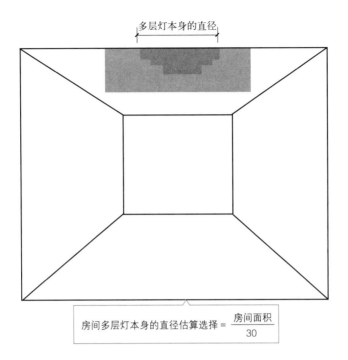

房间多层灯本身的直径估算选择 = $\dfrac{房间面积}{30}$

7.7 家居灯具一般离地面高度的估算

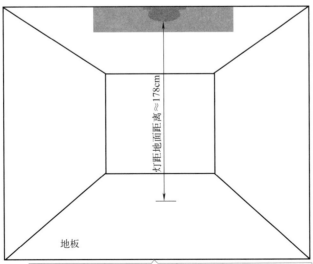

如果灯具悬挂在咖啡桌或者其他的家具上,因为不必担心人要从灯下面路过 所以可以悬挂得低一点

7.8 家居所用灯具功率的估算

① 一间房子需要灯具的大概功率 ──► 房间面积×5W～房间面积×3W

② LED光源，房间灯具功率的估算

厨房吊柜下的灯 ──► 1m以上、2m以下的操作台，1m的灯带或灯管，大约需要5W的功率

厨房 ──► 1m²大约需要灯具的功率为1.7W(不包括操作区射灯、碗柜灯带等辅助照明)

客厅 ──► 1m²大约需要灯具的功率为1.7W，例如，15m²的客厅则需要大约25W的光源来照明

餐桌吊灯 ──► 根据常规大小餐桌来估算，需要大概8W的灯具。如果带有柔光板，则需要大约增加5W的功率

卫生间 ──► 1m²大约需要灯具的功率为1.7W

卧室 ──► 1m²大约需要灯具的功率为1W。如果考虑在床上看书，则采用一盏5W光的床头灯

白炽灯，则在LED光源相应项上的功率乘以6
节能灯，则在LED光源相应项上的功率乘以2。例如，15m²的客厅，LED光源需要25W，则节能灯光源则需要50W
如果对亮度要求较高，或者灯具灯罩遮光性较强，则在上述的基础上按比例增加大约30%的功率

7.9 家居灯具位于楼梯位置高度的估算

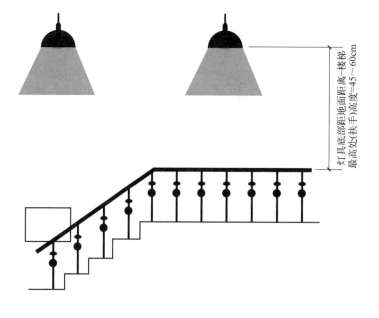

灯具底部距地面距离一楼梯最高处(扶手高度=45～60cm)

7.10 家居餐厅单个圆形吊灯的直径

灯的直径选择范围=
长桌长度×1/3～长桌长度×1/2

边距预留15cm　　50cm　　边距预留15cm

7.11 根据照度计算所需灯具的数目（单位容量法估算）

光源输入的单位容量值
[对1m²被照面积产生照度11m所需的功率(W)]

受光面	光源\\天棚墙面	白炽灯			荧光灯	汞闪光灯	充气灯
		浅色浅色	浅色暗色	暗色暗色	浅色浅色	浅色暗色	暗色暗色
◗	直接照明	0.16	0.18	0.20	0.05	0.06	0.06
◖	半直接照明	0.20	0.24	0.28	0.06	0.07	0.08
○	均匀漫射型	0.24	0.30	0.37	0.07	0.09	0.11
☻	半间接型	0.28	0.37	0.48	0.08	0.11	0.13
↨	间接型	0.32	0.46	0.63	0.09	0.13	0.19

"单位容量法"估算所需灯具的数目

光源的总容量=单位容量×房间的实际面积×平均设计的照度值

光源的总容量+20%～50%损耗=所需灯具的数目×灯功率

有的可以根据照度要求来确定

7.12 室形指数的计算

RI表示室形指数　　*a*表示房间宽度　　*b*表示房间长度

$$RI = \frac{ab}{h(a+b)}$$

*h*表示灯具的计算高度　*a*表示房间宽度　*b*表示房间长度

 点/亮/知/识

室形指数是表示房间几何形状的数值。

7.13 亮度对比的计算

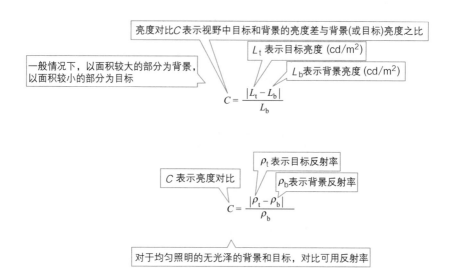

亮度对比C表示视野中目标和背景的亮度差与背景(或目标)亮度之比

L_t 表示目标亮度 (cd/m^2)

L_b表示背景亮度 (cd/m^2)

一般情况下,以面积较大的部分为背景,以面积较小的部分为目标

$$C = \frac{|L_t - L_b|}{L_b}$$

C 表示亮度对比

ρ_t表示目标反射率

ρ_b表示背景反射率

$$C = \frac{|\rho_t - \rho_b|}{\rho_b}$$

对于均匀照明的无光泽的背景和目标,对比可用反射率

7.14 工作面平均照度的计算

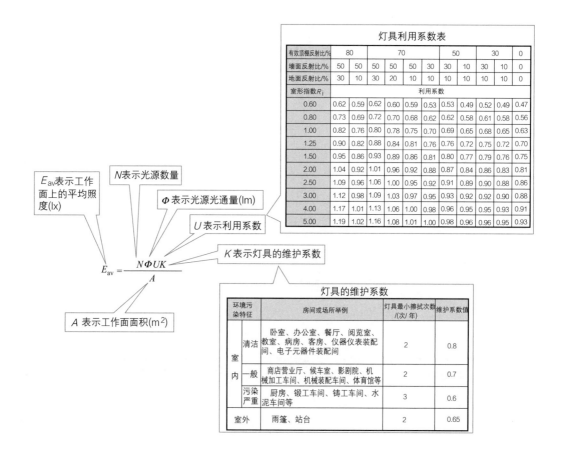

灯具利用系数表

有效顶棚反射比/%	80		70				50		30		0
墙面反射比/%	50	50	50	50	50	30	30	10	30	10	0
地面反射比/%	30	10	30	20	10	10	10	10	10	10	0
室形指数R_i	利用系数										
0.60	0.62	0.59	0.62	0.60	0.59	0.53	0.53	0.49	0.52	0.49	0.47
0.80	0.73	0.69	0.72	0.70	0.68	0.62	0.62	0.58	0.61	0.58	0.56
1.00	0.82	0.76	0.80	0.78	0.75	0.70	0.69	0.65	0.68	0.65	0.63
1.25	0.90	0.82	0.88	0.84	0.81	0.76	0.76	0.72	0.75	0.72	0.70
1.50	0.95	0.86	0.93	0.89	0.86	0.81	0.80	0.77	0.79	0.76	0.75
2.00	1.04	0.92	1.01	0.96	0.92	0.88	0.87	0.84	0.86	0.83	0.81
2.50	1.09	0.96	1.06	1.00	0.95	0.92	0.91	0.89	0.90	0.88	0.86
3.00	1.12	0.98	1.09	1.03	0.97	0.95	0.93	0.92	0.92	0.90	0.88
4.00	1.17	1.01	1.13	1.06	1.00	0.98	0.96	0.95	0.95	0.93	0.91
5.00	1.19	1.02	1.16	1.08	1.01	1.00	0.98	0.96	0.96	0.95	0.93

E_{av}表示工作面上的平均照度(lx)

N表示光源数量

Φ 表示光源光通量(lm)

U表示利用系数

K 表示灯具的维护系数

$$E_{av} = \frac{N\Phi UK}{A}$$

A 表示工作面面积(m^2)

灯具的维护系数

环境污染特征		房间或场所举例	灯具最小擦拭次数/(次/年)	维护系数值
室内	清洁	卧室、办公室、餐厅、阅览室、教室、病房、客房、仪器仪表装配间、电子元器件装配间	2	0.8
	一般	商店营业厅、候车室、影剧院、机械加工车间、机械装配车间、体育馆等	2	0.7
	污染严重	厨房、锻工车间、铸工车间、水泥车间等	3	0.6
室外		雨篷、站台	2	0.65

7.15 点照度的计算

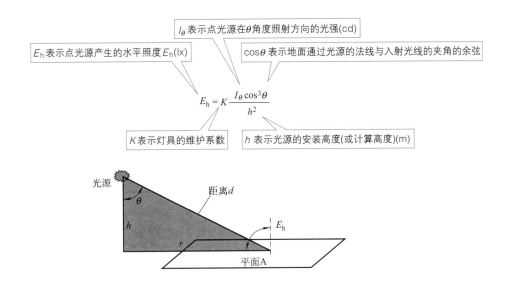

I_θ 表示点光源在 θ 角度照射方向的光强(cd)

E_h 表示点光源产生的水平照度 E_h(lx)

$\cos\theta$ 表示地面通过光源的法线与入射光线的夹角的余弦

$$E_h = K \frac{I_\theta \cos^3\theta}{h^2}$$

K 表示灯具的维护系数

h 表示光源的安装高度(或计算高度)(m)

光源

θ

距离 d

h

E_h

r

平面A

点/亮/知/识

照明用的灯具形式、光源类型等初步确定后，就需要计算各工作面的照度，从而确定灯泡的容量与数量，或者对已确定容量的某点进行照度校验。

7.16 照明器竖直方向布置的计算

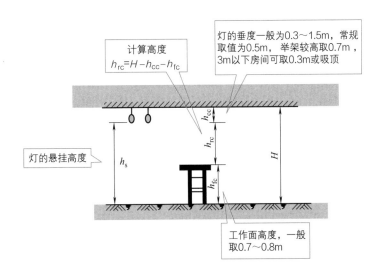

计算高度
$h_{rc}=H-h_{cc}-h_{fc}$

灯的垂度一般为0.3～1.5m，常规取值为0.5m，举架较高取0.7m，3m以下房间可取0.3m或吸顶

灯的悬挂高度

h_{cc}

h_{rc}

h_s

H

h_{fc}

工作面高度，一般取0.7～0.8m

点/亮/知/识

照明器竖直方向布置，包括灯的垂度、工作面高度、灯的悬挂高度等。

7.17 水平方向均匀布置的计算

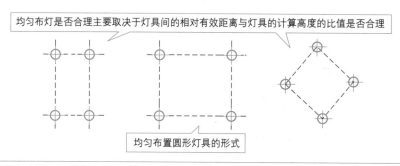

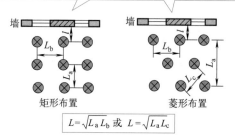

点/亮/知/识

水平方向布置照明器包括选择布置、均匀布置等类型。均匀布置是指不考虑工作场所或房间的设备、设施的位置而将照明器进行规律的排列，方法有矩形布置、正方形布置、菱形布置等。

7.18 花灯布置的计算

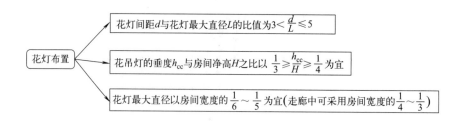

点/亮/知/识

　　花灯能突出中心，具有色调温暖明亮、光色美观、豪华感等特点。环形荧光花灯会产生眩光，为此建议采用有漫射光线功能的灯罩。并且宜设计应用同类型壁灯做辅助照明，使照度均匀，获得对比效果。花灯适用于饭店、宾馆的大厅、大型建筑物的门厅等。

7.19　LED 灯具的配光要求与室空间比的计算

LED灯具配光选择

室空间比RCR	最大允许距离比	配光类型
1～3	1.5～2.5	宽配光
3～6	0.8～1.5	中配光
6～10	0.5～1.0	窄配光

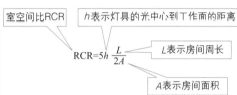

室空间比RCR

h表示灯具的光中心到工作面的距离

$$RCR=5h\frac{L}{2A}$$

L表示房间周长

A表示房间面积

点/亮/知/识

　　LED 光源和 LED 灯具的初始光通量不应低于额定光通量的 90%，且不应高于额定光通量的 120%。

7.20　LED 灯具输出波形波动深度的要求与计算

LED光源和LED灯具光输出波形波动深度的要求

波动频率f/Hz	波动深度FPF限值/%
$f\leqslant9$	FPF$\leqslant$0.288
$9<f\leqslant3125$	FPF$\leqslant f\times$0.08/2.5
$f>3125$	无限制

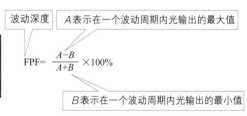

波动深度

A表示在一个波动周期内光输出的最大值

$$FPF=\frac{A-B}{A+B}\times100\%$$

B表示在一个波动周期内光输出的最小值

点/亮/知/识

　　用于人员长期工作或停留场所的一般照明的 LED 光源、LED 灯具，其光输出波形的波动深度需要符合规定。用于人员长期工作或停留场所的一般照明的 LED 光源和 LED 灯具，额定相关色温不宜高于 4000K，一般显色指数不应小于 80，特殊显色指数 R_a 应大于 0。

第 **8** 章 ▶▶

照明设计应用数据

8.1 LED 平面灯具的规格

LED平面灯具
规格分类

额定光通量/lm	最大功率/W	标称尺寸/mm
600	10	300×300
800	13	300×300
1100	18	300×600
1500	25	600×600/300×1200
2000	35	600×600/300×1200
2500	42	600×1200
3000	50	600×1200

8.2 LED 平面灯具发光效能的要求

LED 平面灯具发光效能的要求

额定相关色温 /K	2700		3000		3500/4000	
出光口形式	反射式	直射式	反射式	直射式	反射式	直射式
效能 /（lm/W）	60	75	65	80	70	85

 点 / 亮 / 知 / 识

　　LED 平面灯具的发光效能不应低于上表中的规定。LED 平面灯具的最大允许距高比不应小于 1.1。LED 平面灯具的灯具发光面亮度均匀度不应小于 0.8。

8.3 LED 平面灯替换传统照明产品的规定

LED 平面灯替换传统照明产品的规定

额定光通量 /lm	最大功率 /W	替换产品	
600	10	吸顶灯	16W 方形荧光灯
800	13	吸顶灯	21W 方形荧光灯 /22W 环形荧光灯
1100	18	吸顶灯	28W 方形荧光灯
		格栅灯	30W 直管（卤粉）
1500	25	吸顶灯	38W 方形荧光灯 /40W 环形荧光灯
		格栅灯	36W 直管（卤粉）
2000	35	吸顶灯	60W 环形荧光灯
2500	42	格栅灯	30W 直管（卤粉双管） 58W 直管（卤粉）
3000	50	格栅灯	36W 直管（卤粉双管）

8.4 LED 高天棚灯具的规格

LED高天棚灯具规格分类

额定光通量/lm	最大功率/W
2500	30
3000	36
4000	50
6000	70
9000	110
12000	150
18000	200
24000	300

8.5 LED 高天棚灯具发光效能的要求

LED 高天棚灯具发光效能的要求

额定相关色温 /K	3000	3500/4000	5000
灯具效能 /（lm/W）	80	85	90

点 / 亮 / 知 / 识

LED 高天棚灯具的发光效能不应低于上表中的规定。

8.6 LED 高天棚灯具替换传统照明产品的规定

LED 高天棚灯具替换传统照明产品的规定

额定光通量 /lm	最大功率 /W	替换产品
2500	30	80W 高压汞灯 /50W 金卤灯
3000	36	100W 高压汞灯 /50W 金卤灯
4000	50	125W 高压汞灯 /70W 金卤灯
6000	70	100W 金卤灯
9000	110	250W 高压汞灯
12000	150	400W 高压汞灯
18000	200	250W 金卤灯
24000	300	400W 金卤灯

8.7 直接型 LED 灯具遮光角的要求

直接型LED灯具
遮光角
(本表不适用于平面灯具)

灯具发光面平均亮度$L/(kcd/m^2)$	最小遮光角/(°)
$1 \leqslant L < 20$	10
$20 \leqslant L < 50$	15
$50 \leqslant L < 500$	20
$L \geqslant 500$	30

8.8 LED 筒灯的规格

LED筒灯
规格分类

额定光通量/lm	最大功率/W	口径尺寸规格	
		/in	/mm
300	5	2	51
400	7	2、3、3.5、4	51、76、89、102
600	11	2、3、3.5、4、5、6	51、76、89、102、127、152
800	13	3、3.5、4、5、6	76、89、102、127、152
1100	18	3、3.5、4、5、6、8	76、89、102、127、152、203
1500	26	5、6、8	127、152、203
2000	36	6、8	152、203
2500	42	8、10	203、254

8.9　LED 筒灯发光效能的要求

LED 筒灯发光效能的要求

额定相关色温 /K	2700		3000		3500/4000	
灯具出光口形式	格栅	保护罩	格栅	保护罩	格栅	保护罩
灯具效能 /（lm/W）	60	65	65	70	70	75

点 / 亮 / 知 / 识

LED 筒灯的发光效能不应低于上表中的规定。

8.10　LED 筒灯替换传统照明产品的规定

LED 筒灯替换传统照明产品的规定

额定光通量 /lm	最大功率 /W	替换产品（紧凑型荧光灯筒灯）/W
300	5	9 ～ 10
400	7	11 ～ 13
600	11	18
800	13	24 ～ 27
1100	18	28 ～ 32
1500	26	36 ～ 40
2000	36	55
2500	42	80

8.11　筒灯安装间距的要求

筒灯安装间距的要求

安装间距 /m	参考应用	备注
0.8 ～ 1.0	酒店前台、酒店电梯；护肤品店、珠宝店、玉器店	较少见
1.2 ～ 1.5	酒店入口、大堂、走道、厕所、商铺（美食店、鞋店、婚纱店、衣服店、眼镜店、超市、专卖店、银行）	比较常见
1.8 ～ 2.0	酒店走道、大堂、入口、楼梯；商场走道、大厅、入口、电梯底部、商铺外	较为常见
2.2 ～ 2.5	酒店入口、客户走道、酒店外走道、楼梯；商场入口、外走道、美食店、冲印店、银行	相对较少
3 以上	酒店外走道	极少见

8.12 筒灯安装高度的要求

筒灯安装高度的要求

安装高度 /m	场所
2.5 ～ 3.0	酒店楼梯、餐厅、前台、客户走道；商铺（护肤品店、珠宝店）
3.3 ～ 3.5	酒店前台、走道、大厅、商场楼梯、商铺、商场入口（占多数）
3.5 ～ 4.0	大型商场、商场入口、走廊、酒店大堂、银行外走道
7.0 ～ 10	酒店大堂、商场入口走廊

8.13 筒灯匹配典型紧凑型节能灯

筒灯匹配典型紧凑型节能灯

筒灯灯具规格 /in	匹配典型紧凑型节能灯	
	规格	功率 /W
3	2U 管	5 ～ 7
	螺旋管	7 ～ 12
	插拔管	—
4	2U 管	7 ～ 9
	螺旋管	15
	插拔管	9 ～ 10
5	2U 管	13
	螺旋管	11 ～ 14
	插拔管	2×13
6	3U 管	13 ～ 15
	螺旋管	20
	插拔管	2×13
8	插拔管	2×18

8.14 LED 线形灯具的规格

额定光通量/lm	最大功率/W	标称长度/mm
1000	13	600
1500	20	600/1200
2000	27	1200/1500
2500	35	1200/1500
3250	42	1200/1500

LED线形灯具规格分类

8.15　LED 线形灯具发光效能的要求

LED 线形灯具发光效能的要求

额定相关色温 /K	2700/3000	3500/4000
灯具效能 /（lm/W）	85	90

点/亮/知/识

LED 线形灯具的发光效能不应低于上表中的规定。

8.16　LED 线形灯替换传统照明产品的规定

LED 线形灯替换传统照明产品的规定

额定光通量 /lm	最大功率 /W	替换产品（支架灯）
1000	13	18W T8 管（卤粉）
1500	20	30W T8 管（卤粉）
2000	27	36W T8 管（卤粉）
2500	35	
3250	42	58W T8 管（卤粉）

8.17　LED 筒灯功率因数的要求

LED筒灯的功率因数

LED筒灯的功率因数
应符合表中的规定

实测功率/W	功率因数
实测功率≤5	≥0.5
实测功率>5①	≥0.9

①家居用LED筒灯功率因数不应小于0.7。

点/亮/知/识

LED 线形灯具、LED 平面灯具、LED 高天棚灯具实测功率因数不应小于 0.9。

8.18 非定向 LED 光源初始光效的要求

非定向
LED光源
初始光效的要求

额定功率/W		额定相关色温/(lm/W)		
		2700K	3000K	3500K/4000K
≤5		65	65	70
>5	球泡灯	65	70	75
	直管型	75	80	85

8.19 定向 LED 光源初始光效的要求

定向LED光源
初始光效的要求

名称	额定相关色温/(lm/W)		
	2700K	3000K	3500K/4000K
PAR16	50	55	60
PAR20			
PAR30	55	60	65
PAR38			

点/亮/知/识

定向 LED 光源的初始光效不应低于上表中的规定。

8.20 LED 光源替换传统照明产品的规定

LED 光源替换传统照明产品的规定

额定光通量 /lm			最大功率 /W	替换产品
非定向 LED 光源	球泡灯	150	3	15W 白炽灯
		250	4	25W 白炽灯 /5W 普通照明用自镇流荧光灯
		500	8	40W 白炽灯 /9W 普通照明用自镇流荧光灯
		800	13	60W 白炽灯 /11W 普通照明用自镇流荧光灯
		1000	16	28～32W 单端荧光灯
	直管型	600	8	8W T5 管
		800	11	13W T5 管
		900	12	13W T5 管
		1000	13	18W T8 管（卤粉）
		1200	16	18W T5 管 /18W T8 管（卤粉）

续表

额定光通量 /lm			最大功率 /W	替换产品
非定向 LED 光源	直管型	1300	18	14W T5 管 /18W T5 管
		1500	20	23W T8 管（卤粉）
		1600	22	20W T5 管 /23W T8 管（卤粉）
		2000	27	21W T5 管 /30W T8 管（卤粉）
		2500	34	28W T5 管 /38W T8 管（卤粉）
定向 LED 光源	PAR16	250	5	20W 卤钨灯
		400	8	35W 卤钨灯
	PAR20	400	8	35W 卤钨灯
		700	14	50W 卤钨灯
	PAR30/ PAR38	700	14	50W 卤钨灯
		1100	20	75W 卤钨灯

8.21 反射型自镇流 LED 灯规格分类

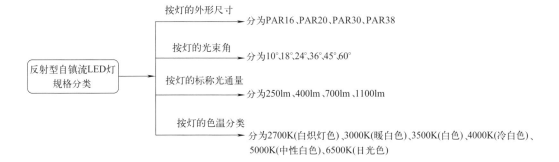

8.22 反射型自镇流 LED 灯光通量规格

反射型自镇流 LED 灯的光通量规格

灯外形规格	光通量规格 /lm	替换的卤钨灯规格 /W
PAR16	250	35
	400	50
PAR20	400	50
	700	75
PAR30	700	75
	1100	100
PAR38	700	75
	1100	100

8.23 反射型自镇流 LED 灯色调规格

反射型自镇流 LED 灯色调规格

色调规格	色调代码	色坐标目标值	
		x	y
6500K（日光色）	65	0.313	0.337
5000K（中性白色）	50	0.346	0.359
4000K（冷白色）	40	0.380	0.380
3500K（白色）	35	0.409	0.394
3000K（暖白色）	30	0.440	0.403
2700K（白炽灯色）	27	0.463	0.420
	P27	0.458	0.410

注：P27 代表色坐标最接近普朗克曲线、色温为 2700K 的色调代码。

8.24 轨道灯安装距离的要求

轨道灯安装距离的要求

天棚高 /mm	轨道灯离墙距离 /mm
2290 ～ 2740	610 ～ 910
2740 ～ 3350	910 ～ 1220
3350 ～ 3960	1220 ～ 1520

8.25 室内一般照明灯具最低悬挂高度

室内一般照明灯具的最低悬挂高度

光源种类	灯具形式	灯具保护角 /（°）	光源功率 /W	最低悬挂高度 /m
白炽灯	有反射罩	10 ～ 30	≤ 100	2.5
白炽灯	有反射罩	10 ～ 30	150 ～ 200	3.0
白炽灯	有反射罩	10 ～ 30	300 ～ 500	3.5
白炽灯	乳白玻璃漫射罩	—	≤ 100	2.0
白炽灯	乳白玻璃漫射罩	—	150 ～ 200	2.5
白炽灯	乳白玻璃漫射罩	—	300 ～ 500	3.0
荧光灯	无反射罩	—	≤ 40	2.0
荧光灯	无反射罩	—	＞ 40	3.0
荧光灯	有反射罩	—	≤ 40	2.0
荧光灯	有反射罩	—	＞ 40	2.0
高压汞灯	有反射罩	10 ～ 30	＜ 125	3.5
高压汞灯	有反射罩	10 ～ 30	125 ～ 250	5.0
高压汞灯	有反射罩	10 ～ 30	≥ 400	6.0
高压汞灯	有反射罩带格栅	＞ 30	＜ 125	3.0
高压汞灯	有反射罩带格栅	＞ 30	125 ～ 250	4.0
高压汞灯	有反射罩带格栅	＞ 30	≥ 400	5.0

续表

光源种类	灯具形式	灯具保护角 / (°)	光源功率 /W	最低悬挂高度 /m
金属卤化物灯	有反射罩	10 ～ 30	< 150	4.5
金属卤化物灯	有反射罩	10 ～ 30	150 ～ 250	5.5
金属卤化物灯	有反射罩	10 ～ 30	250 ～ 400	6.5
金属卤化物灯	有反射罩	10 ～ 30	> 400	7.5
高压钠灯	有反射罩带格栅	> 30	< 150	4.0
高压钠灯	有反射罩带格栅	> 30	150 ～ 250	4.5
高压钠灯	有反射罩带格栅	> 30	250 ～ 400	5.5
高压钠灯	有反射罩带格栅	> 30	> 400	6.5

8.26　室内允许的亮度比

室内允许的亮度比

项　目	室内允许的亮度比
视力作业与附近工作面比	3 ∶ 1
视力工作区与周围环境比	10 ∶ 1
光源与背景比	20 ∶ 1
视野范围内所允许的最大亮度比	40 ∶ 1

8.27　住宅建筑照明标准值宜符合的规定

住宅建筑照明标准值

房间或场所		参考平面 及其高度	照度标准值 /lx	R_a
起居室	一般活动	0.75m水平面	100	80
	书写、阅读		300①	
卧室	一般活动	0.75m水平面	75	80
	床头、阅读		150①	
厨房	一般活动	0.75m水平面	100	80
	操作台	台面	150①	
卫生间		0.75m水平面	100	80
电梯前厅		地面	75	60
走道、楼梯间		地面	50	60
车　库		地面	30	60
餐　厅		0.75m餐桌面	150	80
老年人 卧室	一般活动	0.75m水平面	150	80
	床头、阅读		300①	80
老年人 起居室	一般活动	0.75m水平面	200	80
	书写、阅读		500①	80
职工宿舍		地面	100	80
酒店式公寓		地面	150	80

住宅建筑照明标准值
宜符合表中的规定

①指混合照明照度。

8.28 住宅建筑每户照明功率密度限值应符合的规定

住宅建筑每户照明功率密度限值

住宅建筑每户照明功率密度限值应符合表中的规定

房间或场所	照度标准值/lx	照明功率密度限值 / (W/m²)	
		现行值	目标值
起居室	100		
卧 室	75		
餐 厅	150	≤6.0	≤5.0
厨 房	100		
卫生间	100		
职工宿舍	100	≤4.0	≤3.5
车 库	30	≤2.0	≤1.8

点/亮/知/识

照明功率密度（LPD）是指单位面积上的照明安装功率（包括光源、镇流器或变压器），单位为"W/m²"。

8.29 商店建筑照明标准值应符合的规定

商店建筑照明标准值

商店建筑照明标准值应符合表中的规定

房间或场所	参考平面及其高度	照度标准值/lx	UGR	U_0	R_a
一般商店营业厅	0.75m水平面	300	22	0.60	80
一般室内商业街	地面	200	22	0.60	80
高档商店营业厅	0.75m水平面	500	22	0.60	80
高档室内商业街	地面	300	22	0.60	80
一般超市营业厅	0.75m水平面	300	22	0.60	80
高档超市营业厅	0.75m水平面	500	22	0.60	80
仓储式超市	0.75m水平面	300	22	0.60	80
专卖店营业厅	0.75m水平面	300	22	0.60	80
农贸市场	0.75m水平面	200	25	0.40	80
收款台	台面	500[①]	—	0.60	80

① 指混合照明照度。

8.30　商店建筑照明功率密度限值应符合的规定

商店建筑照明功率密度限值

商店建筑照明功率密度限值应符合表中的规定

商店营业厅、高档商店营业厅、专卖店营业厅需装设重点照明时，该营业厅的照明功率密度限值应增加5W/m²

房间或场所	照度标准值/lx	照明功率密度限值/ (W/m²)	
		现行值	目标值
高档超市营业厅	500	≤17.0	≤15.5
专卖店营业厅	300	≤11.0	≤10.0
仓储超市	300	≤11.0	≤10.0
一般商店营业厅	300	≤10.0	≤9.0
高档商店营业厅	500	≤16.0	≤14.5
一般超市营业厅	300	≤11.0	≤10.0

8.31　办公建筑照明标准值应符合的规定

办公建筑照明标准值

办公建筑照明标准值应符合表中的规定

房间或场所	参考平面及其高度	照度标准值/lx	UGR	U_0	R_a
普通办公室	0.75m水平面	300	19	0.60	80
高档办公室	0.75m水平面	500	19	0.60	80
会议室	0.75m水平面	300	19	0.60	80
视频会议室	0.75m水平面	750	19	0.60	80
接待室、前台	0.75m水平面	200	—	0.40	80
服务大厅、营业厅	0.75m水平面	300	22	0.40	80
设计室	实际工作面	500	19	0.60	80
文件整理、复印、发行室	0.75m水平面	300	—	0.40	80
资料、档案存放室	0.75m水平面	200	—	0.40	80

注:此表适用于所有类型建筑的办公室和类似用途场所的照明。

8.32　办公建筑、办公用途场所的照明功率密度限值应符合的规定

办公建筑、办公用途场所照明功率密度限值

办公建筑、办公用途场所的照明功率密度限值应符合表中的规定

房间或场所	照度标准值/lx	照明功率密度限值/(W/m²)	
		现行值	目标值
会议室	300	≤9.0	≤8.0
服务大厅	300	≤11.0	≤10.0
普通办公室	300	≤9.0	≤8.0
高档办公室、设计室	500	≤15.0	≤13.5

8.33 教育建筑照明标准值应符合的规定

教育建筑照明标准值

房间或场所	参考平面及其高度	照度标准值/lx	UGR	U_0	R_a
教室、阅览室	课桌面	300	19	0.60	80
计算机教室、电子阅览室	0.75m水平面	500	19	0.60	80
楼梯间	地面	100	22	0.40	80
教室黑板	黑板面	500[1]	—	0.70	80
学生宿舍	地面	150	22	0.40	80
实验室	实验桌面	300	19	0.60	80
美术教室	桌面	500	19	0.60	90
多媒体教室	0.75m水平面	300	19	0.60	80
电子信息机房	0.75m水平面	500	19	0.60	80

> 教育建筑照明标准值应符合表中的规定

[1] 指混合照明照度。

8.34 教育建筑照明功率密度限值应符合的规定

教育建筑照明功率密度限值

房间或场所	照度标准值/lx	照明功率密度限值/(W/m^2)	
		现行值	目标值
计算机教室、电子阅览室	500	≤15.0	≤13.5
学生宿舍	150	≤5.0	≤4.5
教室、阅览室	300	≤9.0	≤8.0
实验室	300	≤9.0	≤8.0
美术教室	500	≤15.0	≤13.5
多媒体教室	300	≤9.0	≤8.0

> 教育建筑照明功率密度限值应符合表中的规定

8.35　旅馆建筑照明标准值应符合的规定

旅馆建筑照明标准值

房间或场所		参考平面及其高度	照度标准值/lx	UGR	U_0	R_a
客房	一般活动区	0.75m水平面	75	—	—	80
	床头	0.75m水平面	150	—	—	80
	写字台	台面	300[①]	—	—	80
	卫生间	0.75m水平面	150	—	—	80
总服务台		台面	300[①]	—	—	80
休息厅		地面	200	22	0.40	80
客房层走廊		地面	50	—	0.40	80
厨房		台面	500[①]	—	0.70	80
游泳池		水面	200	22	0.60	80
健身房		0.75m水平面	200	22	0.60	80
洗衣房		0.75m水平面	200	—	0.40	80
中餐厅		0.75m水平面	200	22	0.60	80
西餐厅		0.75m水平面	150	—	0.60	80
酒吧间、咖啡厅		0.75m水平面	75	—	0.40	80
多功能厅、宴会厅		0.75m水平面	300	22	0.60	80
会议室		0.75m水平面	300	19	0.60	80
大堂		地面	200	—	0.40	80

旅馆建筑照明标准值应符合表中的规定

① 指混合照明照度。

8.36　旅馆建筑照明功率密度限值应符合的规定

旅馆建筑照明功率密度限值

房间或场所	照度标准值/lx	照明功率密度限值/(W/m²)	
		现行值	目标值
多功能厅	300	≤13.5	≤12.0
客房层走廊	50	≤4.0	≤3.5
大堂	200	≤9.0	≤8.0
会议室	300	≤9.0	≤8.0
客房	—	≤7.0	≤6.0
中餐厅	200	≤9.0	≤8.0
西餐厅	150	≤6.5	≤5.5

旅馆建筑照明功率密度限值应符合表中的规定

8.37 图书馆建筑照明标准值应符合的规定

图书馆建筑照明标准值

房间或场所	参考平面及其高度	照度标准值/lx	UGR	U_0	R_a
一般阅览室、开放式阅览室	0.75m水平面	300	19	0.60	80
档案库	0.75m水平面	200	19	0.60	80
书库、书架	0.25m垂直面	50	—	0.40	80
工作间	0.75m水平面	300	19	0.60	80
采编、修复工作间	0.75m水平面	500	19	0.60	80
多媒体阅览室	0.75m水平面	300	19	0.60	80
老年阅览室	0.75m水平面	500	19	0.70	80
珍善本、舆图阅览室	0.75m水平面	500	19	0.60	80
陈列室、目录厅(室)、出纳厅	0.75m水平面	300	19	0.60	80

图书馆建筑照明标准值应符合表中的规定

8.38 图书馆建筑照明功率密度限值应符合的规定

图书馆建筑照明功率密度限值

房间或场所	照度标准值/lx	照明功率密度限值/(W/m²)	
		现行值	目标值
多媒体阅览室	300	≤9.0	≤8.0
老年阅览室	500	≤15.0	≤13.5
一般阅览室、开放式阅览室	300	≤9.0	≤8.0
目录厅(室)、出纳室	300	≤11.0	≤10.0

图书馆建筑照明功率密度限值应符合表中的规定

8.39 会展建筑照明标准值应符合的规定

会展建筑照明标准值

房间或场所	参考平面及其高度	照度标准值/lx	UGR	U_0	R_a
公共大厅	地面	200	22	0.40	80
一般展厅	地面	200	22	0.60	80
高档展厅	地面	300	22	0.60	80
会议室、洽谈室	0.75m水平面	300	19	0.60	80
宴会厅	0.75m水平面	300	22	0.60	80
多功能厅	0.75m水平面	300	22	0.60	80

会展建筑照明标准值应符合表中的规定

8.40　会展建筑照明功率密度限值应符合的规定

会展建筑照明功率密度限值

会展建筑照明功率密度限值应符合表中的规定

房间或场所	照度标准值/lx	照明功率密度限值/(W/m²)	
		现行值	目标值
一般展厅	200	≤9.0	≤8.0
高档展厅	300	≤13.5	≤12.0
会议室、洽谈室	300	≤9.0	≤8.0
宴会厅、多功能厅	300	≤13.5	≤12.0

8.41　观演建筑照明标准值应符合的规定

观演建筑照明标准值

观演建筑照明标准值应符合表中的规定

房间或场所		参考平面及其高度	照度标准值/lx	UGR	U_0	R_a
观众厅	影院	0.75m水平面	100	22	0.40	80
	剧场、音乐厅	0.75m水平面	150	22	0.40	80
观众休息厅	影院	地面	150	22	0.40	80
	剧场、音乐厅	地面	200	22	0.40	80
化妆室	一般活动区	0.75m水平面	150	22	0.60	80
	化妆台	1.1m高处垂直面	500[①]	—	—	90
门厅		地面	200	22	0.40	80
排演厅		地面	300	22	0.60	80

① 指混合照明照度。

8.42　医疗建筑照明标准值应符合的规定

医疗建筑照明标准值

医疗建筑照明标准值应符合表中的规定

房间或场所	参考平面及其高度	照度标准值/lx	UGR	U_0	R_a
治疗室、检查室	0.75m水平面	300	19	0.70	80
病房	地面	100	19	0.60	80
走道	地面	100	19	0.60	80
护士站	0.75m水平面	300	—	0.60	80
药房	0.75m水平面	500	19	0.60	80
重症监护室	0.75m水平面	300	19	0.60	90
化验室	0.75m水平面	500	19	0.70	80
手术室	0.75m水平面	750	19	0.70	90
诊室	0.75m水平面	300	19	0.60	80
候诊室、挂号厅	0.75m水平面	200	22	0.40	80

8.43 医疗建筑照明功率密度限值应符合的规定

医疗建筑照明功率密度限值

房间或场所	照度标准值/lx	照明功率密度限值/(W/m²)	
		现行值	目标值
病房	100	≤5.0	≤4.5
护士站	300	≤9.0	≤8.0
药房	500	≤15.0	≤13.5
走廊	100	≤4.5	≤4.0
治疗室、诊室	300	≤9.0	≤8.0
化验室	500	≤15.0	≤13.5
候诊室、挂号厅	200	≤6.5	≤5.5

医疗建筑照明功率密度限值应符合表中的规定

8.44 金融建筑照明标准值应符合的规定

金融建筑照明标准值

房间及场所		参考平面及其高度	照度标准值/lx	UGR	U_0	R_a
营业大厅		地面	200	22	0.60	80
营业柜台		台面	500	—	0.60	80
客户服务中心	普通	0.75m水平面	200	22	0.60	60
	贵宾室	0.75m水平面	300	22	0.60	80
交易大厅		0.75m水平面	300	22	0.60	80
数据中心主机房		0.75m水平面	500	19	0.60	80
保管库		地面	200	22	0.40	80
信用卡作业区		0.75m水平面	300	19	0.60	80
自助银行		地面	200	19	0.60	80

金融建筑照明标准值应符合表中的规定

注：本表适用于银行、证券、期货、保险、电信、邮政等行业，也适用于类似用途(如供电、供水、供气)的营业厅、柜台和客服中心。

8.45 金融建筑照明功率密度限值应符合的规定

金融建筑照明功率密度限值

房间或场所	照度标准值/lx	照明功率密度限值/(W/m²)	
		现行值	目标值
营业大厅	200	≤9.0	≤8.0
交易大厅	300	≤13.5	≤12.0

金融建筑照明功率密度限值应符合表中的规定

8.46　美术馆建筑照明标准值应符合的规定

美术馆建筑照明标准值

美术馆建筑照明标准
值应符合表中的规定

房间或场所	参考平面 及其高度	照度标准值 /lx	UGR	U_0	R_a
会议报告厅	0.75m水平面	300	22	0.60	80
休息厅	0.75m水平面	150	22	0.40	80
美术品售卖	0.75m水平面	300	19	0.60	80
公共大厅	地面	200	22	0.40	80
绘画展厅	地面	100	19	0.60	80
雕塑展厅	地面	150	19	0.60	80
藏画库	地面	150	22	0.60	80
藏画修理	0.75m水平面	500	19	0.70	90

注：绘画、雕塑展厅的照明标准值中不含展品陈列照明。

8.47　美术馆建筑照明功率密度限值应符合的规定

美术馆建筑照明功率密度限值

美术馆建筑照明功率密度
限值应符合表中的规定

房间或场所	照度标准值/lx	照明功率密度限值/(W/m²)	
		现行值	目标值
绘画展厅	100	≤5.0	≤4.5
雕塑展厅	150	≤6.5	≤5.5
会议报告厅	300	≤9.0	≤8.0
美术品售卖区	300	≤9.0	≤8.0
公共大厅	200	≤9.0	≤8.0

8.48　科技馆建筑照明标准值应符合的规定

科技馆建筑照明标准值

科技馆建筑照明标准
值应符合表中的规定

房间或场所	参考平面 及其高度	照度标准值 /lx	UGR	U_0	R_a
科普教室、实验区	0.75m水平面	300	19	0.60	80
球幕、巨幕、3D、4D影院	地面	100	19	0.40	80
常设展厅	地面	200	22	0.60	80
临时展厅	地面	200	22	0.60	80
会议报告厅	0.75m水平面	300	22	0.60	80
纪念品售卖区	0.75m水平面	300	22	0.60	80
儿童乐园	地面	300	22	0.60	80
公共大厅	地面	200	22	0.40	80

注：常设展厅和临时展厅的照明标准值中不含展品陈列照明。

8.49 科技馆建筑照明功率密度限值应符合的规定

科技馆建筑照明功率密度限值

房间或场所	照度标准值/lx	照明功率密度限值/(W/m²)	
		现行值	目标值
儿童乐园	300	≤10.0	≤8.0
公共大厅	200	≤9.0	≤8.0
常设展厅	200	≤9.0	≤8.0
科普教室	300	≤9.0	≤8.0
会议报告厅	300	≤9.0	≤8.0
纪念品售卖区	300	≤9.0	≤8.0

科技馆建筑照明功率密度限值应符合表中的规定

8.50 博物馆建筑陈列室展品照度标准值与年曝光量限值的规定

博物馆建筑陈列室展品照度标准值与年曝光量限值

类别	参考平面及其高度	照度标准值/lx	年曝光量/(lx·h/a)
对光特别敏感的展品：纺织品、织绣品、绘画、纸质物品、彩绘、陶(石)器、染色皮革、动物标本等	展品面	≤50	≤50000
对光敏感的展品：油画、蛋清画、不染色皮革、角制品、骨制品、象牙制品、竹木制品和漆器等	展品面	≤150	≤360000
对光不敏感的展品：金属制品、石质器物、陶瓷器、宝玉石器、岩矿标本、玻璃制品、搪瓷制品、珐琅器等	展品面	≤300	不限制

博物馆建筑陈列室展品照度标准值与年曝光量限值的规定

注：1.陈列室一般照明应按展品照度值的20%～30%选取。

2.陈列室一般照明UGR不宜大于19。

3.一般场所R_a不应低于80，辨色要求高的场所，R_a不应低于90。

8.51　博物馆建筑其他场所照明标准值的规定

博物馆建筑其他场所照明标准值

房间或场所	参考平面 及其高度	照度标准值 /lx	UGR	U_0	R_a
文物复制室	实际工作面	750①	19	0.70	90
标本制作室	实际工作面	750①	19	0.70	90
周转库房	地面	50	22	0.40	80
藏品库房	地面	75	22	0.40	80
藏品提看室	0.75m水平面	150	22	0.60	80
门厅	地面	200	22	0.40	80
序厅	地面	100	22	0.40	80
会议报告厅	0.75m水平面	300	22	0.60	80
美术制作室	0.75m水平面	500	22	0.60	80
编目室	0.75m水平面	300	22	0.60	80
摄影室	0.75m水平面	100	22	0.60	80
熏蒸室	实际工作面	150	22	0.60	80
实验室	实际工作面	300	22	0.60	80
保护修复室	实际工作面	750①	19	0.70	90

博物馆建筑其他场所
照明标准值应符合表
中的规定

① 指混合照明的照度标准值。其一般照明的照度值应按混合照明照度的20%～30%选取。

8.52　博物馆建筑其他场所照明功率密度限值应符合的规定

博物馆建筑其他场所照明功率密度限值

房间或场所	照度标准值 /lx	照明功率密度限值/(W/m²)	
		现行值	目标值
藏品库房	75	≤4.0	≤3.5
藏品提看室	150	≤5.0	≤4.5
会议报告厅	300	≤9.0	≤8.0
美术制作室	500	≤15.0	≤13.5
编目室	300	≤9.0	≤8.0

博物馆建筑其他场所照明功率
密度限值应符合表中的规定

8.53 交通建筑照明标准值应符合的规定

交通建筑照明标准值

房间或场所		参考平面及其高度	照度标准值/lx	UGR	U_0	R_a
售票台		台面	500①	—	—	80
问讯处		0.75m水平面	200	—	0.60	80
候车(机、船)室	普通	地面	150	22	0.40	80
	高档	地面	200	22	0.60	80
贵宾室休息室		0.75m水平面	300	22	0.60	80
中央大厅、售票大厅		地面	200	22	0.40	80
海关、护照检查		工作面	500	—	0.70	80
安全检查		地面	300	—	0.60	80
换票、行李托运		0.75m水平面	300	19	0.60	80
行李认领、到达大厅、出发大厅		地面	200	22	0.40	80
通道、连接区、扶梯、换乘厅		地面	150	—	0.40	80
有棚站台		地面	75	—	0.60	60
无棚站台		地面	50	—	0.40	20
走廊、楼梯、平台、流动区域	普通	地面	75	25	0.40	60
	高档	地面	150	25	0.60	80
地铁站厅	普通	地面	100	25	0.60	80
	高档	地面	200	22	0.60	80
地铁进出站门厅	普通	地面	150	25	0.60	80
	高档	地面	200	22	0.60	80

交通建筑照明标准值应符合表中的规定

① 指混合照明照度。

8.54 交通建筑照明功率密度限值应符合的规定

交通建筑照明功率密度限值

房间或场所		照度标准值/lx	照明功率密度限值/(W/m²)	
			现行值	目标值
候车(机、船)室	普通	150	≤7.0	≤6.0
	高档	200	≤9.0	≤8.0
中央大厅、售票大厅		200	≤9.0	≤8.0
行李认领、到达大厅、出发大厅		200	≤9.0	≤8.0
地铁站厅	普通	100	≤5.0	≤4.5
	高档	200	≤9.0	≤8.0
地铁进出站门厅	普通	150	≤6.5	≤5.5
	高档	200	≤9.0	≤8.0

交通建筑照明功率密度限值应符合表中的规定

8.55 公共与工业建筑通用房间或场所照明标准值应符合的规定

公共和工业建筑通用房间或场所照明标准值

房间或场所		参考平面及其高度	照度标准值 /lx	UGR	U_0	R_a	备注
门厅	普通	地面	100	—	0.40	60	—
	高档	地面	200	—	0.60	80	—
走廊、流动区域、楼梯间	普通	地面	50	25	0.40	60	—
	高档	地面	100	25	0.60	80	—
自动扶梯		地面	150	—	0.60	60	—
厕所、盥洗室、浴室	普通	地面	75	—	0.40	60	—
	高档	地面	150	—	0.60	80	—
电梯前厅	普通	地面	100	—	0.40	60	—
	高档	地面	150	—	0.60	80	—
休息室		地面	100	22	0.40	80	—
更衣室		地面	150	22	0.40	80	—
储藏室		地面	100	—	0.40	60	—
餐厅		地面	200	22	0.60	80	—
公共车库		地面	50	—	0.60	60	—
公共车库检修间		地面	200	25	0.60	80	可另加局部照明
试验室	一般	0.75m 水平面	300	22	0.60	80	可另加局部照明
	精细	0.75m 水平面	500	19	0.60	80	可另加局部照明
检验	一般	0.75m 水平面	300	22	0.60	80	可另加局部照明
	精细，有颜色要求	0.75m 水平面	750	19	0.60	80	可另加局部照明
计量室、测量室		0.75m 水平面	500	19	0.70	80	可另加局部照明
电话站、网络中心		0.75m 水平面	500	19	0.60	80	—
计算机站		0.75m 水平面	500	19	0.60	80	防光幕反射
变、配电站	配电装置室	0.75m 水平面	200	—	0.60	80	—
	变压器室	地面	100	—	0.60	60	—
电源设备室、发电机室		地面	200	25	0.60	80	—
电梯机房		地面	200	25	0.60	80	—
控制室	一般控制室	0.75m 水平面	300	22	0.60	80	—
	主控制室	0.75m 水平面	500	19	0.60	80	—
动力站	风机房、空调机房	地面	100	—	0.60	60	—
	泵房	地面	100	—	0.60	60	—
	冷冻站	地面	150	—	0.60	60	—
	压缩空气站	地面	150	—	0.60	60	—
	锅炉房、煤气站的操作层	地面	100	—	0.60	60	锅炉水位表照度不小于 50lx

房间或场所		参考平面及其高度	照度标准值 /lx	UGR	U_0	R_a	备注
仓库	大件库	1.0m 水平面	50	—	0.40	20	—
	一般件库	1.0m 水平面	100	—	0.60	60	—
	半成品库	1.0m 水平面	150	—	0.60	80	—
	精细件库	1.0m 水平面	200	—	0.60	80	货架垂直照度 不小于 50lx
车辆加油站		地面	100	—	0.60	60	油表表面照度 不小于 50lx

8.56 工业建筑非爆炸危险场所照明功率密度限值应符合的规定

工业建筑非爆炸危险场所照明功率密度限值

房间或场所		照度标准值 /lx	照明功率密度限值 /（W/m²）	
			现行值	目标值
1. 机、电工业				
机械加工	粗加工	200	≤ 7.5	≤ 6.5
	一般加工公差≥ 0.1mm	300	≤ 11.0	≤ 10.0
	精密加工公差< 0.1mm	500	≤ 17.0	≤ 15.0
机电、仪表装配	大件	200	≤ 7.5	≤ 6.5
	一般件	300	≤ 11.0	≤ 10.0
	精密	500	≤ 17.0	≤ 15.0
	特精密	750	≤ 24.0	≤ 22.0
电线、电缆制造		300	≤ 11.0	≤ 10.0
线圈绕制	大线圈	300	≤ 11.0	≤ 10.0
	中等线圈	500	≤ 17.0	≤ 15.0
	精细线圈	750	≤ 24.0	≤ 22.0
线圈浇注		300	≤ 11.0	≤ 10.0
焊接	一般	200	≤ 7.5	≤ 6.5
	精密	300	≤ 11.0	≤ 10.0
钣金		300	≤ 11.0	≤ 10.0
冲压、剪切		300	≤ 11.0	≤ 10.0
热处理		200	≤ 7.5	≤ 6.5
铸造	熔化、浇铸	200	≤ 9.0	≤ 8.0
	造型	300	≤ 13.0	≤ 12.0
精密铸造的制模、脱壳		500	≤ 17.0	≤ 15.0
锻工		200	≤ 8.0	≤ 7.0
电镀		300	≤ 13.0	≤ 12.0

续表

房间或场所		照度标准值 /lx	照明功率密度限值 /（W/m²）	
			现行值	目标值
酸洗、腐蚀、清洗		300	≤ 15.0	≤ 14.0
抛光	一般装饰性	300	≤ 12.0	≤ 11.0
	精细	500	≤ 18.0	≤ 16.0
复合材料加工、铺叠、装饰		500	≤ 17.0	≤ 15.0
机电修理	一般	200	≤ 7.5	≤ 6.5
	精密	300	≤ 11.0	≤ 10.0
2. 电子工业				
整机类	整机厂	300	≤ 11.0	≤ 10.0
	装配厂房	300	≤ 11.0	≤ 10.0
元器件类	微电子产品及集成电路	500	≤ 18.0	≤ 16.0
	显示器件	500	≤ 18.0	≤ 16.0
	印制线路板	500	≤ 18.0	≤ 16.0
	光伏组件	300	≤ 11.0	≤ 10.0
	电真空器件、机电组件等	500	≤ 18.0	≤ 16.0
电子材料类	半导体材料	300	≤ 11.0	≤ 10.0
	光纤、光缆	300	≤ 11.0	≤ 10.0
酸、碱、药液及粉配制		300	≤ 13.0	≤ 12.0

8.57　公共与工业通用房间或场所照明功率密度限值应符合的规定

公共与工业通用房间或场所照明功率密度限值

房间或场所		照度标准值 /lx	照明功率密度限值 /（W/m²）	
			现行值	目标值
走廊	一般	50	≤ 2.5	≤ 2.0
	高档	100	≤ 4.0	≤ 3.5
厕所	一般	75	≤ 3.5	≤ 3.0
	高档	150	≤ 6.0	≤ 5.0
试验室	一般	300	≤ 9.0	≤ 8.0
	精细	500	≤ 15.0	≤ 13.5
检验	一般	300	≤ 9.0	≤ 8.0
	精细，有颜色要求	750	≤ 23.0	≤ 21.0
计量室、测量室		500	≤ 15.0	≤ 13.5
控制室	一般控制室	300	≤ 9.0	≤ 8.0
	主控制室	500	≤ 15.0	≤ 13.5
电话站、网络中心、计算机站		500	≤ 15.0	≤ 13.5

房间或场所		照度标准值 /lx	照明功率密度限值 / (W/m²)	
			现行值	目标值
动力站	风机房、空调机房	100	≤ 4.0	≤ 3.5
	泵房	100	≤ 4.0	≤ 3.5
	冷冻站	150	≤ 6.0	≤ 5.0
	压缩空气站	150	≤ 6.0	≤ 5.0
	锅炉房、煤气站的操作层	100	≤ 5.0	≤ 4.5
仓库	大件库	50	≤ 2.5	≤ 2.0
	一般件库	100	≤ 4.0	≤ 3.5
	半成品库	150	≤ 6.0	≤ 5.0
	精细件库	200	≤ 7.0	≤ 6.0
公共车库		50	≤ 2.5	≤ 2.0
车辆加油站		100	≤ 5.0	≤ 4.5

——如临现场，掌握"真技能"

光的本质	视觉灵敏度	反射光	亮度
光源特性	嵌入式灯具	装饰性灯具	吸顶灯（天花灯）
壁灯	吊灯	射灯的特点	射灯
筒灯	轨道导轨灯	灯带	LED 日光灯
线性灯	见光不见灯场效	磁吸轨道灯安装法	基础照明
重点照明	装饰照明	点光源图案的布灯	室内照明设计要求
射灯离墙尺寸	灯效果与灯槽结构	射灯的应用场效	

——随看随扫、随扫随看——

参考文献

［1］ 建筑照明术语标准. JGJ/T 119—2008.
［2］ 建筑照明设计标准. GB 50034—2013.
［3］ 照明装置. 12YD6.
［4］ 应急照明设计与安装. 19D702.
［5］ LED 室内照明应用技术要求 .GB/T 31831—2015.